KB017179

추천의 말들

"사람과 반려 동물은 '사랑을 주고받는 행위'에 의해서 유대 관계를 형성한다고 합니다. 이런 의미에서 혜별은 반려 동물을 진심으로 이해하고 사랑으로 케어하는, 따뜻하고 애정 넘치는 애니멀 커뮤니케이터입니다. 혜별이 쓴 이 책을 통해 반려인과 반려 동물이 서로를 더 잘 이해하고 과거의 상처들을 치유하며 행복한 관계를 맺어갈 수 있기를 바랍니다."
— 한국반려동물관리협회 이사 김태형

"사랑하는 내 반려 동물의 마음을 알고 소통하고 싶은 분, 나아가 내 마음까지 치유받고 싶은 분께 이 책을 적극 추천합니다. '정말 동물과의 교감이 가능할까?' 의문을 갖고 있던 자신이 어느새 동물과 소통하고 있는 신기한 모습을 보게 될 것입니다. 제가 그랬듯이 말이에요."
— 애니멀 커뮤니케이터 채은

"애니멀 커뮤니케이션에 대한 외국 도서는 즐비하지만 한국인의 정서와 상황에 맞게 쓴 책은 드물지요. 이 책은 저자 자신의 풍부한 교감 경험을 토대로 한 것으로, 반려 동물과 소통하고 싶은 마음이 있는 사람이라면 누구나 직접 애니멀 커뮤니케이션을 할 수 있도록 친절하게 이끌어줍니다. 동물과 교감하기를 원하는 많은 반려인에게 유용한 지침서가 될 것입니다."
— 애니멀 커뮤니케이터 은향

"애니멀 커뮤니케이션은 반려 동물과의 의사소통은 물론, 반려 동물이 갖고 있는 고민을 해결하거나, 실종된 동물을 찾는 데가지 폭넓게 활용되고 있습니다. 애니멀 커뮤니케이션은 반려인과 반려 동물이 건강하고 행복하게 살아가기 위해 꼭 필요한 수단입니다. 뛰어난 교감 능력을 자랑하는 저자의 이 책이 내 반려 동물과 소통하기 바라는 모든 반려인의 필독서가 되리라 믿습니다."
— 애니멀 커뮤니케이터 지혜

애니멀 커뮤니케이터 혜별의 반려 동물과 교감하기

너의 마음을 들려줘

너의 마음을 들려줘

2018년 7월 6일 초판 1쇄 발행. 혜별이 쓰고, 도서출판 샨티에서 박정은이 펴냅니다. 편집은 이홍용이, 표지 및 본문 디자인은 김재은이 하였고, 면지의 만다라 그림은 마틸다가 그렸습니다. 인쇄 및 제본은 상지사에서 하였습니다. 출판사 등록일 및 등록번호는 2003. 2. 11. 제 25100-2017-000092호이고, 주소는 서울시 은평구 은평로3길 34-2, 전화는 (02) 3143-6360, 팩스는 (02) 6455-6367, 이메일은 shantibooks@naver.com입니다. 이 책의 ISBN은 979-11-88244-07-2 03490이고, 정가는 15,000원입니다.

이 도서의 국립중앙도서관 출판시도서목록(CIP)은 e-CIP홈페이지(http://www.nl.go.kr/ecip)와 국가자료공동목록 시스템(http://www.nl.go.kr/kolisnet)에서 이용하실 수 있습니다.(CIP제어번호: CIP2018019989)

애니멀 커뮤니케이터 혜별의 반려 동물과 교감하기

너의 마음을 들려줘

| 혜별 지음 |

【샨티】

차례

반려 동물의 마음이 궁금한가요?

"냐아~~"

오늘 아침도 어김없이 고양이들의 울음소리에 맞춰 눈을 떴어요. 사랑스러운 녀석들은 밤새 저의 안녕이 궁금했는지 연신 가르르 하며 몸을 비벼대더군요. 저와 하루의 시작과 끝을 모두 함께하는 이 녀석들은 저에게 가족과도 같은 소중한 존재입니다. 이들과 함께 행복한 일상을 보내다가도 '언젠가는 이 녀석들이 나보다 먼저 생을 마감하겠지'라는 생각이 들면 주책맞게 눈물이 흐릅니다. 반려 동물을 키우는 사람이라면 누구나 공감할 거예요.

반려 동물의 마음을 알 수만 있다면 그들이 사는 동안 진정으로 원하는 것을 해줄 수 있을 텐데 안타깝게도 그러기는 쉽지 않습니다. 반려 동물은 먹는 것, 외출하는 것, 노는 것, 심지어 잠자는 것까지도 사람의 취향에 맞추어 살아갈 수밖에 없으니까요. 동물들의 취향을 사람이 알 도리가 없으니 그저 안타까울 뿐입니다. 제가 동물 교감, 즉 애니멀 커뮤니케이션animal communication에 관심을 갖게 된 것도 이런 이유 때문이었습니다.

어렸을 적 몸이 허약해 잔병치레를 자주 했던 탓에 얼마간 할머니 손에 이끌려 시골로 내려가 생활하게 되었습니다. 2년간의 시골 생활은 지금까지도 잊히지 않는 많은 추억들로 가득해요. 어른들이 밭일을 나가고 홀로 남으면 저는 하루 종일 자연과 동물을 벗삼아 마음속 이야기를 주고받곤 했습니다. 풀 냄새 가득 머금은 살랑바람을 느끼며 대청마루에 앉아 누렁이와 하루 종일 장난을 치기도 하고, 날이 더우면 개울에 가서 멱을 감기도 했습니다. 개구리를 잡아 동생이라고 하며 논 적도 있지요. 도시로 돌아온 뒤에도 동물과 자연에 대한 그리움은 언제나 마음 한구석에 자리 잡고 있었어요.

그러던 어느 날 지인의 집에서 기르던 열두 살의 노견을 제가 돌보게 되면서 워리어와의 인연이 시작되었습니다. 오직 저밖에 모르는 녀석에게 저는 순식간에 푹 빠져버렸고, '예쁘긴 하지만 동물이 사람 같지는 않지' 했던 그간의 생각도 완전히 바뀌어버렸습니다. 하지만 워리어는 열다섯 살이 되던 해 제 곁을 떠나고 말았어요. 미처 마음의 준비를 할 틈도 주지 않은 채 말이에요.

워리어는 바닥이 유독 미끄러웠던 새 집에서 뛰다가 하필이면 제 발에 걸려 넘어져 그만 뇌진탕이 오고 말았습니다. 몇 달 후 워리어는 그 후유증으로 신경발작을 일으키며 괴로워했지요. 더 이상 어떤 치료도 소용이 없었습니다. 저는 그저 워리어가 편하게 잠들기를 바라며 어려운 결정을 내려야만 했습니다. 그렇게 워리어를 떠나보낸 후 몇 개월간 상실감에 빠져 아무것도 할 수 없었습니다. '워리어는 나와 지낸 시간들이 행복했을까?' 하는 생각이 머릿속을 떠나지 않았어요.

워리어가 떠난 2009년, 우연히 한 방송에서 '하이디'라는 애니멀 커뮤니케이터(동물 교감사)를 보게 되었습니다. 그때 동물과의 소통이 가능하다는 것을 알게 되었고, 그간 워리어와 저 사이에 오가던 소통의 느낌이 바로 애니멀 커뮤니케이션의 일부였다는 것을 깨달았습니다. 하지만 '워리어와 나 사이에 실제로 교감이 가능했다면 나와 함께 지내는 동안 행복했는지, 가장 즐거운 순간은 언제였는지, 서운하거나 화가 난 적은 없는지 물어볼 수 있었을 텐데……' 하는 생각이 점점 깊어져만 갔습니다.

워리어의 마음을 알았더라면 아마도 워리어가 떠난 뒤 조금은 덜 고통스러웠을지도 모르겠어요. 비록 몸은 떠났지만 우리가 마음으로 늘 연결되어 있다는 것을 그때 알았더라면, 워리어 앞에 펼쳐지는 새로운 여정을 맘껏 축복해 줄 수 있었겠지요.

이후 예상치 못했던 동물들과의 인연이 잇따라 생기고, 저는 워리어를 떠나보낸 뒤 겪었던 후회를 반복하지 않기 위해 교감 공부를 시작하게 되었습니다.

다른 동물과의 새로운 인연이 찾아온 것은 워리어가 떠나고 얼마 지나지 않았을 때였어요. 그날도 어김없이 워리어와 함께 다녔던 산책길을 눈물을 참으며 걷고 있었습니다. 집 앞에 이르니, 언제부터 따라왔는지 고양이 한 마리가 살갑게 알은척을 하며 애교를 부렸어요. 그 고양이에게 워리어가 먹다 남긴 사료를 나눠준 것이 시작이었습니다. 아픈 아이, 사연 있는 아이들을 하나둘 품에 안는 사이 어느덧 고양이가 열세 마리까지 늘기도 했습니다! 그때 저를 따라온 길고양이는 펫로스 증후군(반려 동물을 떠나보내고 나서 겪는 정신적·신체적 고통)으로 힘들어하는 저를 위해 워리어가 보내준 선물이 아니었을까 싶어요.

그러나 반려견만 키워본 저에게 고양이는 낯설고 어려운 존재였습니다. 도무지 그 속을 알 수가 없었어요. 마음을 알면 더 잘해줄 수 있을 것 같다는 생각이 날로 커져갔습니다. 그것이 동물 교감 공부를 실제로 시작하게 된 자연스러운 계기가 되었지요. 물론 시작은 쉽지 않았어요. 당시에는 동물 교감을 체계적으로 가르쳐주는 곳도, 궁금한 것을 해결해 줄 사람도 없었습니다. 잘하고 있는 건지 날마다 스스로 의심해야 했지요. 그럼에도 저는 포기하지 않았고, 생각보다 빠르게 교감하는 방법을 터득해 갈 수 있었습니다.

동물 교감 공부를 시작하는 많은 사람이 이렇게 물어옵니다.

"저는 특별한 재능이 없는 평범한 사람입니다. 제가 과연 할 수 있을까요?"

뒤에 자세히 다루겠지만 동물과 교감하는 것은 새로운 것을 배우는 것이 아닙니다. 이미 가지고 있는 능력을 깨닫고 사용하는 것이지요. 무슨 자신감이었는지, 저는 단 한 번도 제가 동물과 교감을 못할 거라고 생각해 보지 않았어요. 동물을 사랑하는 마음이 그만큼 컸던 거죠. 사실 애니멀 커뮤니케이션을 할 때 동물을 진정으로 사랑하는 마음보다 더 중요한 건 없어요.

이 책을 읽는 분들은 모두 반려 동물에 대한 사랑이 남다를 거라 믿어요. 동물과의 교감을 잘하기 위한 첫 번째 자격을 갖춘 셈이지요. 그렇다면 특별한 재능이 없는 평범한 사람이라는 생각은 잠시 접어두고 시작해 보세요. 이 세상에서 내 반려 동물을 가장 잘 아는 사람은 바로 가족인 나니까요! 모쪼록 이 책을 통해 여러분이 반려 동물을 온전히 이해하고 사랑하게 되길 바랍니다. 동물들은 아마도 받은 것보다 몇 배 더 큰 행복을 돌려줄 거예요.

1.

너의 마음을 알 수 있다면

내 마음속 나비가 되어 날아간 밍슈

동물과 교감할 수 있다는 확신이 생긴 후 가장 먼저 한 일은 오래도록 잊히지 않는 동물들에게 제 마음을 전달하는 것이었습니다. 이 아이들에게 하고 싶었던 말을 전하면서 미안함, 그리움, 고마움 등을 표현할 수 있었어요. 동시에 그동안 짊어지고 있던 짐들을 어느 정도 내려놓게 되었지요. 이것이 제가 동물 교감사로서 내디딘 첫 발걸음이었습니다.

많은 사람이 자신의 반려 동물에게 하고 싶은 이야기나 못다 한 이야기가 있을 거예요. 사과의 마음을 전하고 싶은 아이, 너무 그리워서 입 밖으로 이름조차 뱉기 어려운 아이도 있을 테지요. 이미 너무 늦어 답변을 전해 듣지 못한다 할지라도 마음을 담아서 말을 건네보세요. 그 마음은 사랑의 에너지가 되어 동물에게 반드시 가 닿을 것입니다.

지금부터 내 가슴속 가장 큰 응어리로 남은 밍슈 이야기를 해보려 합니다. 가족과의 불화로 급작스럽게 집을 나와 혼자 지내던 시절이 있었습니다. 2003년 한겨울이었지요. 강아지 밍슈는 제게 그때의 추운 겨울바람만큼이나 시린 기억으로 남아 있습니다. 사랑했던 주인에게 버려져 마음에 온통 상처가 난 채로 저와 만나게 된 밍슈는 제 부주의 때문에 세상을 떠나고 말았지요.

밍슈를 만나기 전 저는 우울감에 빠져 있었습니다. 지친 몸을 이끌고 퇴근한 뒤 깜깜한 단칸방에 혼자 앉아 우는 날이 많았지요. 외로움과 슬픔을 이겨낼 방법을 찾던 중 인터넷을 통해 유기된 강아지 한 마리를 데려오게 되었어요. 이제 갓 아기 티를 벗은 하얀색 발바리였습니다. 한파가 몰아치던 날 처음 만나 지하철을 타고 오는 동안 제 품에서 부들부들 떨던 밍슈의 모습이 지금도 생생합니다.

버려졌다는 상처 때문인지 밍슈는 무척이나 소심했고, 이상하리만큼 제게 곁을 내주지 않았어요. 제 외로움은 밍슈로 인해 치유되기 시작했지만, 이 아이는 항상 저를 겉도는 느낌이었습니다. 지금 밍슈와 같은 아이를 만난다면 교감을 나눠보기도 하고 마음의 치유를 위해 사랑의 에너지를 보낼 수도 있을 텐데, 그때는 그저 안타까운 마음으로 지켜볼 수밖에 없었습니다.

하루 종일 일에 찌들어 피곤한 몸을 이끌고 집에 오면 방 안의 물건들은 다 어질러져 있었고, 배변하라고 깔아둔 신문지는 몽땅 찢어져 있었습니다. 밍슈는 한쪽 구석에 잔뜩 웅크리고 앉아 있었지요. 집에 돌아오면 한 시간씩 청소하는 게 일과였지만, 어느 샌가 밍슈는 "내 새끼, 내 아기"라고 불리며 제 생활의 큰 부분을 차지하게 되었어요.

밍슈가 제 품에 온 지 3주 정도 지났을 무렵, 산책을 시켜볼까 하는 마음에 함께 첫 외출을 시도했습니다. 아직 어린 강아지여서 가까운 슈퍼마켓이나 함께 다녀오려고 밍슈를 품에 안고 집을 나왔습니다. 그런데 제가 도대체 무슨 생각으로 그랬을까요, 갑자기 밍슈를 걷게 해주고 싶은 마음이 들어 바닥에 잠깐 내려주었습니다. 바닥에 발을 디딘 밍슈는 갑자기 통통 튀어나가더니 금세 제게서 멀어져버렸어요.

사고는 순식간에 일어났습니다. 그 순간 승용차 한 대가 속력을 늦추지 않고 달려왔고, 잠시 넋이 나갔다가 정신을 차려보니 이미 밍슈는 사라져 보이지 않았습니다. 도망치려는 차를 붙잡아놓고는 정신없이 밍슈를 찾아다녔지만, 불쌍한 밍슈는 흔적조차 보이지 않았습니다. 당시 반려 동물에 대한 지식도 별로 없고 그저 겁 많고 어리기만 했던 저는 할 수 있는 게 없었어요.

스스로를 책망하며 밍슈를 가슴에 묻은 뒤로 다시는 동물을 키우지 않겠다고 다짐했습니다. 온기 없는 차가운 방 안에서 밍슈와 둘이 이불을 덮고 새우깡을 나눠 먹던 기억을 떠올리면 지금도 목이 멥니다. 밍슈를 떠올릴 때마다 가슴 한구석이 묵직했는데, 동물과의 교감을 시작하고 그리운 밍슈에게 사과 인사를 건네고 나서야 그 힘들었던 자책의 시간에서 벗어날 수 있었습니다.

"밍슈야, 알고 있니? 엄마는 지금도 너를 잊지 못해. 너무너무 미안해. 너무 부족한 엄마라 미안했어. 너의 몸을 찾아 묻어주지 못해 늘 미안해. 이런 엄마를 용서해 주렴. 항상 너를 기억할게. 우리 꼭 다시 만나자. 다시 만날 때는 엄마가 좋은 것 많이 해줄 수 있는 능력 있는 사람이 되어 있을게."

이렇게 메시지를 보내자 얼어 있던 제 마음은 봄눈 녹듯 녹아내리기 시작했습니다. 곧 머릿속에는 밍슈처럼 새하얗고 작은 나비 한 마리가 춤을 추듯 날아오르는 모습이 그려졌지요. 그때 나비를 향해 기도를 해주고 마음속에서 밍슈를 떠나보낸 뒤에야 저는 비로소 떳떳한 마음으로 다른 동물들과 교감할 수 있게 되었습니다.

동물에게 가족은 세상의 전부

엄마는 나의 우주예요

인터넷에서 주인과 꼭 닮은 개들을 소개한 기사를 본 적이 있어요. 그 뒤 산책 나온 개들과 반려인의 외모를 비교해 보는 버릇이 생겼습니다. 흥미롭게도 꽤 많은 반려인과 동물이 꼭 닮은 모습이었어요. 그런데 동물과 교감을 하면서 더 놀라운 사실을 알게 되었답니다. 반려 동물들이 외모뿐 아니라 성격까지도 가족을 닮는다는 사실이요. 유대감이 끈끈한 가족이나 사랑하는 연인, 친한 친구들이 에너지 교류를 통해 서로 영향을 주고받다 보면 행동이나 말투가 비슷해지는 것처럼 말이지요.

어쩌면 반려 동물들에게 가족은 이 세상의 전부일 거예요. 일생의 대부분을 가족의 품 안에서 보내고, 그 안에서 모든 것을 해결하니까요. 그렇기 때문에 반려인의 행동, 성향, 취향까지 닮아가는 것은 당연한 일인지 모릅니다.

동물 가족이 자신을 어떻게 생각하는지 많은 반려인들이 궁금해 합니다. 대부분의 동물들은 우리가 상상하는 것 이상으로 가족을 사랑하고 있어요. 그들은 온몸과 마음을 다해 가족을 지키려고 하고 조건 없는 사랑을 줍니다. 가족이 자기에게 도움을 요청하기만 기다리고 있다 해도 과언이 아닐 정도로 말이에요. 나의 동물이 청개구리같이 말을 잘 안 듣는다 해도, 표현력이 풍부하지 않다고 해도, 그 마음을 의심하지는 말아주세요. 수많은 상담을 해왔지만 "엄마가 싫어. 가족들이 싫어서 집을 나가버리고 싶어"라고 하는 동물은 단 한 번도 보지 못했으니까요.

"먹는 것이 좀 부족해" "○○보다 나를 더 예뻐해 주면 좋겠어" "왜 내가 말하는데 들어주질 않아?" 하는 식의 크고 작은 불만을 가진 아이는 더러 있었지만, 사람의 복잡한 감정이나 이기심에 비하면 이는 너무나 단순하고 귀여운 호소이지요.

"엄마를 너무 사랑해" "내가 더 사랑해" "엄마는 나의 전부야"같이 적극적인 애정 표현을 하는 아이가 있는가 하면, 표현력이 다소 떨어지는 아이도 있습니다. 사람과 마찬가지로 반려 동물도 성격이나 표현력이 각기 다르거든요. 재미있는 사실은, 무뚝뚝하고 표현을 잘 안 하는 동물들은 가족들 역시 무뚝뚝하고 표현을 잘 안 하는 성향을 가지고 있다는 거예요.

수많은 상담 사례 중 애정 표현이 가장 기억에 남는 아이는 고양이 홍이입니다.

"엄마는 나의 우주예요."

홍이의 이 말에 저는 그만 울컥하고 말았습니다. 우주라는 단어가, 단순한 사전적 의미를 넘어 우리가 상상하기 힘든 무한한 공간의 느낌과 가슴 벅찬 설렘으로 전해져 왔거든요. '실제로 우주 공간을 경험하게 된다면 이런 기분이겠구나' 싶을 정도였습니다. 우리 아이도 이렇게 말해주었으면 좋겠다고요? 모든 반려 동물이 이렇게 표현력이 좋은 것은 아니니 너무 서운해하지는 마세요.

동물이 우리를 얼마나 사랑하는지는 언어가 아닌 행동으로도 알수 있답니다. 지금 이 순간 우리가 동물들로부터 받는 그 느낌 그대로 동물들은 우리를 신뢰하고 사랑한다는 것, 그 사실을 믿었으면 좋겠어요. 그리고 어떻게 하면 이들을 더 행복하게 해줄 수 있는지 다시 한 번 생각해 보았으면 좋겠습니다. 동물들에게 우리는 하나의 우주니까요.

엄마에게 나는 어떤 존재인가요?

동물들은 우리가 생각하는 것 이상으로 우리의 감정을 깊이 공유하면서 지냅니다. 우리가 우울해하면 조용히 다가와서 곁을 지켜주고, 때론 핥아주면서 위로를 하기도 해요. 화가 나 있으면 슬쩍 눈치를 보기도 하고요. 제 고양이들은 제가 조금이라도 소홀히 대하면 구토를 하거나 열이 나는 등 어김없이 잔병치레를 해서 관심을 끄는 데 성공합니다.

이렇게 반려인의 감정에 영향을 받는 동물들이다 보니 동물과 행복한 생활을 위해 교감을 하고 소통하는 것도 중요하지만, 반려인이 밝고 긍정적으로 사는 것이 더 중요하다는 점을 먼저 생각해 볼 필요가 있습니다. 이런 긍정적인 사고방식은 동물과의 교감을 나누는 데 기본적인 마음가짐이기도 하니까요.

마음의 문제는 말 그대로 마음먹기에 달려 있어요. 행복은 우리의 마음속에서 자기를 알아채고 꺼내주기만 기다리고 있습니다. 행복은 큰 것이 아니라 작은 것에서부터 찾아옵니다. 반려인의 행복은 반려 동물을 통해 더욱 빛나며, 삶의 즐거움 또한 그들과 함께 확장됩니다. 반려인이 기쁘면 반려 동물도 기쁘고, 반대로 반려인이 불행해하면 동물도 같이 불행해집니다. 동물을 반려한다는 건 그만큼 큰 책임이 따르는 일이기도 하지요.

유니라는 이름의 친칠라 고양이와 교감을 나눴을 적 이야기입니다. 유니는 우울한 아이였어요. 우울증에 걸린 동물의 눈빛에는 공허함이 가득합니다. 유니는 삶에 아무런 재미도 없다는 듯 구석에서 웅크린 채 하루하루 시간만 보내고 있었어요. 장난감에도 먹는 것에도 흥미가 없어 유니 엄마는 늘 걱정이 많았습니다. 유니는 밑으로 고양이 동생이 셋이나 더 있었는데 그 아이들과도 항상 거리를 두고 스스로 왕따를 자처했어요. 교감을 통해 이유를 물으니 유니가 이렇게 대답했습니다.

"나한테는 엄마가 전부이기 때문에 엄마한테 온 사랑을 쏟았는데, 엄마는 그렇지 않은 것 같아요." 이 말을 전하자 유니 엄마는 눈물을 흘렸습니다. 당시 유니 엄마는 이혼과 함께 아버지가 돌아가시는 슬픈 일을 잇달아 겪으면서 우울증이 온 상태였고, 삶의 끈을 놓으려는 생각마저 했다고 합니다. 수면제를 과다 복용하였지만 삶을 놓으려던 계획은 뜻대로 되지 않았고, 며칠 꼬박 잠에 빠져 있다 겨우 눈을 떴다고 해요. 눈을 떴을 때 엄마 곁을 지키고 있었던 존재가 바로 유니였답니다. 걱정 섞인 눈망울로 엄마를 바라보고 있는 유니와 유니의 텅 빈 밥그릇을 본 순간 엄마는 다시 살아갈 이유를 찾게 되었다고 합니다.

잠시 저의 고양이들 얘기를 하자면, 이 아이들은 제가 평소보다 오래 자거나 자는 시간이 아닌데 누워 있으면 한 번씩 와서 울거나 저를 깜짝 놀라게 하곤 합니다. 엄마가 무사한지 확인이라도 하듯이 말이에요. 잠깐 잠을 잘 때도 이러는데, 엄마가 오랜 시간 잠들어 있는 동안 유니는 얼마나 불안했을까요? 세상에 홀로 남겨졌을까봐 얼마나 두려웠을까요? 그 이야기를 듣는데 가슴이 뻐근하게 아파왔습니다.

유니 덕분에 삶의 희망을 되찾은 엄마는 이후 동물들에 대한 애정이 더욱 깊어져 고양이 세 마리를 더 입양하였다고 합니다. 하지만 이것이 되레 유니에게는 크나큰 슬픔을 주고 말았지요.

삶의 끈을 놓으려는 엄마의 극단적인 선택을 지켜보면서 자신이 큰 위로가 되지 못했다는 사실에 절망하고 있던 차에 갑자기 동생들이 줄줄이 생긴 거예요. 유니는 '이제 난 엄마의 관심 밖으로 밀려날 일만 남았어'라고 생각하게 된 것입니다. 이런 생각이 커지며 우울감은 깊어져만 갔고요. 자신의 존재 이유를 잃어버린 것입니다. 상담하는 내내 가슴이 꽉 막혀 터질 것같이 아팠어요. 엄마에게 유니가 최우선이라는 것을 알 수 있도록, 자신이 얼마나 소중한 존재인지를 직접 느낄 수 있도록 말과 행동으로 계속 표현해 주라고 권했습니다.

동물들은 "엄마, 내가 곁에 있잖아요! 나를 보며 힘내세요!"라는 자기의 외침이 아무 소용 없다고 느낄 때 우울감에 빠집니다. 반려인이 우울해하고 무기력해 있으면 동물들도 무기력해집니다. 무기력한 반려인은 자신의 감정을 조절하는 것조차 벅차기 때문에 동물들이 아무리 자기를 봐달라고 울고 떼를 써도 듣지 못합니다. 당연히 산책이나 놀이도 충분히 해주지 못하죠.

계속 말하지만 동물들이 살아가는 세상은 작고 한정되어 있습니다. 반려 동물들은 오직 가족만을 바라보고 자신이 가족에게 즐거움을 주는 존재이기만 바라고 있어요. 우울한 기분이 들 때, 대화 상대가 필요할 때, 동물 가족과 눈을 맞추고 당신의 이야기를 들려주세요. 동물들은 기꺼이 즐겁게 당신의 이야기를 들어줄 거예요. 비록 딴 짓을 하는 것처럼 보일지라도 말이죠. 동물들을 통해 위로를 받으세요. 그리고 받은 사랑만큼 사랑으로 돌려주세요.

엄마는 욕쟁이

교감을 나누다 보면 반려인과 성향은 물론 말투까지 닮은 아이를 많이 봅니다. 동물의 목소리는 사람의 음성, 음악, 생활 소음처럼 공기 중에서 들려오는 것이 아니라 마음의 울림을 통해 들려옵니다. 동물의 목소리는 동물의 성향이나 이미지, 나이 등의 정보를 모두 포함하여 인간의 목소리로 한 번 걸러져서 교감사에게 전달되는데, 이 과정이 워낙 순식간에 일어나다 보니 인간의 언어나 목소리를 가지고 교감을 나눈다고 생각하는 교감사들이 많습니다. 신기하게도 동물들의 목소리에는 얌전하고 소심한 성격이 묻어나기도 하고, 가족들이 사투리를 사용하는 경우 억양에 사투리가 묻어나기도 합니다. 그러니 가족들이 자주 쓰는 말투를 따라하는 것이 놀라운 일도 아니랍니다.

고양이 포키는 밖으로 뿜어내는 포스가 대단한 아이였어요. 흔히 말하는 '센 언니' 포스의 여섯 살 된 이 고양이는 평소 웬만한 일로는 당황하거나 동요하지 않는 당당하고 대담한 아이였습니다. 엄마는 포키가 엄마를 어떻게 생각하는지 궁금하다고 했어요. 포키에게 이 질문을 했을 때 들려온 답변에 저는 웃음이 터져버렸습니다. 포키가 시크한 표정으로 "엄마는 욕쟁이야!"라고 말했거든요. 왜 그런지 물어보니 엄마가 평소 포키에게 애칭으로 욕을 섞어 부르거나 혼자 욕을 할 때가 많다고 했어요. 조심스럽게 이 내용을 전하자 포키 엄마가 깔깔대고 웃으며 말했어요. "맞아요. 제가 포키년, 우리 이쁜 포키년~ 이런 식으로 자주 불렀어요. 그리고 저는 평소 욕을 많이 쓰는 편이에요."

욱하는 성격에 욕을 툭툭 뱉기도 하지만 악의는 없는, 흔히 말하는 '뒤끝 없는' 분 같았습니다. 더 재미있는 건 엄마가 욕을 할 때 포키가 앵무새처럼 그 말을 따라한다는 사실이었지요. 이 사실을 전해주자 "제가 동물과 교감할 수 없어 다행이네요! 같이 욕을 하는 걸 알았으면 머리채를 잡고 싸웠을 거예요. 하하하"라고 말해서 함께 웃었던 재미있는 기억이 떠오릅니다.

후회하지 않을 만큼 사랑하기

우리 아이가 가장 행복했던 순간은 언제일까요? 거창한 선물을 받았을 때나 좋은 곳에 여행 갔을 때일까요? 반려 동물의 대답은 의외로 소박하답니다.

"엄마 무릎에 턱을 괴고 누웠을 때요."

"같이 산책을 나갈 때요."

"맛있는 간식을 먹을 때요."

"눈을 마주치고 내 얘기를 들어줄 때요."

"공을 던져줄 때요."

이렇게 동물들은 일상 속에서 자신을 향한 관심과 사랑을 느낄 때 가장 행복해한답니다. 동물들은 주어진 시간 속에서 행복을 찾을 줄 알고 작은 사랑에도 큰 기쁨을 느끼는 존재입니다. 동물들은 고급스러운 간식이나 장난감을 바라지 않아요. 그저 가족의 일원으로서 사랑받고, 가족에게 자신의 존재를 느끼게 해주고 싶어 할 뿐이지요.

우리는 가까이 있는 것, 언제나 그 자리에 있는 것의 소중함을 종종 잊어버립니다. 소중함을 깨달았을 땐 이미 늦어버려 후회와 자책으로 시간을 허비하기도 하지요. 반려 동물과의 이별도 마찬가지입니다. 아무리 최선을 다해 보살폈다 해도 후회가 남게 마련인데, 안타깝게도 많은 반려인들이 동물이 병을 얻어 죽거나 했을 때 자신이 바빠서 제대로 돌볼 수 없었다는 식으로 핑계를 대고 스스로를 합리화하곤 합니다.

반려 동물의 죽음 앞에서 "나는 부족함 없이 해주었으니 아쉽거나 후회되지 않아"라고 말할 수 있는 사람이 있을까요? 대부분의 반려인들은 좀 더 잘해주지 못한 것을 후회하며 괴로워하고 자책합니다. 저는 늘 지금이 마지막 순간이라고 생각하며 사랑하라고 이야기합니다.

사람의 시간보다 몇 배는 빠른 삶을 살고 떠나는 동물들을 어떻게 하면 여한 없이 사랑할 수 있을까요? 그 해답은 바로 나의 반려 동물을 진정으로 이해하고 소통하는 것입니다. 반려 동물의 생각을 이해하고 그들과 소통하기 시작한다면 우리는 동물들의 삶의 질을 높일 수 있는 것은 물론이고 우리와 함께 살아가는 동물들에게 여한 없이 사랑을 베풀 수 있을 거예요.

우선 아래 질문을 통해 반려 동물을 대하는 나의 모습을 돌아보 았으면 좋겠습니다.

나는 반려 동물의 행복을 위해 얼마나 노력하고 있는가?

☐ 나는 하루 일과 중에 동물 가족과 함께하는 시간을 충분히 갖고 있나요?

☐ 동물이 나에게 말하려는 것을 듣기 위해 귀를 기울이나요?

☐ 신선하고 다양한 먹을거리를 제공하고 있나요?

☐ 나의 동물이 가장 즐거워하는 일이 무엇인지 알고 있나요?

☐ 동물에게 집안 곳곳 살펴볼 수 있도록 생활 공간을 오픈해 주 었나요?

☐ 내 감정을 주체하지 못해 훈육하거나 체벌한 적이 있나요?

☐ 내 동물의 성향, 본능을 잘 알고 존중해 주나요?

☐ 동물들이 주는 조건 없는 사랑에 감사하고 되돌려주기 위해 노력하나요?

이 질문들을 통해 동물을 향한 나의 마음가짐을 점검해 보기를 바랍니다. 어쩔 수 없는 상황인데도 동물에게 모든 것을 양보하라 는 이야기는 아니에요. 동물들은 가족이 처한 상황에서 크든 작든 자신에게 최선을 다하고 있다는 것을 느낄 때 행복해하니까요. "이번 프로젝트만 끝나면" "넓은 집으로 이사 가면" "돈 많이 벌면" 잘해주겠다는 식으로는 말하지 마세요. 동물들은 그때까지 기다려주지 못할 수도 있습니다. 오늘이 마지막인 것처럼 사랑을 쏟으세요. 사진을 많이 찍어 매 순간을 소중히 남기는 것도 좋은 방법입니다.

2.
동물 교감의 시작은 사랑과 믿음

애니멀 커뮤니케이션이란?

애니멀 커뮤니케이션(동물 교감)이란 동물과 소통하는 것을 말합니다. 여기서 말하는 소통이란 사람과 사람 사이에 사용하는 언어의 방식이 아닌 마음과 마음, 영혼과 영혼의 연결을 통해 생각과 감정을 공유한다는 뜻입니다. 이것은 오감을 이용한 에너지 차원의 대화 방식으로, 흔히 말하는 텔레파시와도 흡사해요. 사람은 누구나 동물과 교감할 수 있는 능력을 가지고 태어났습니다. 사용하지 않아 그 능력을 잊고 살 뿐이지요.

먼 옛날 문자나 언어가 발달하기 전에 살았던 고대인들은 자연과 직관적인 소통을 했습니다. 하지만 넘쳐나는 정보의 바다 속에서 살아가는 현대인들은 작은 소음조차 없는 고요함을 단 한 순간도 느낄 수가 없습니다. 자연의 아름다움에 심취하거나 스스로의 삶을 돌아볼 여유 또한 갖기가 어렵지요. 그렇다고 직관에 의지하지도 않습니다. 생명의 위협을 직접적으로 느낄 일이 거의 없으니 직관에 의지할 필요가 없는 거지요.

동물들은 다릅니다. 동물들은 본능에 따라 직관적으로 움직입니다. 그래야 스스로를 지킬 수 있으니까요. 소리 내 짖거나 울지 않아도 고도로 발달한 감각에 의해 감정을 느끼고 의사소통을 합니다. 따라서 인간이 동물과 교감하려면 동물의 대화 방식에 맞게 감각을 발달시켜야 하며, 언어를 배우기 이전의 의식 상태로 돌아가려는 노력을 해야 합니다. 이런 의식 상태로 돌아가려면 오감을 열고 마음속에서 들려오는 직관의 소리에 귀 기울여야 해요. 육체의 눈이 아니라 마음의 눈으로 보이는 이미지에 집중해야 한다는 뜻입니다.

조금 어렵게 느껴질 수도 있고, 기술을 타고난 사람들이나 하는 것이라고 생각될 수도 있어요. 하지만 이것은 여러분이 이미 가지고 있는 능력이랍니다. 우리가 태어날 때부터 가지고 있지만 사용하지 않아 퇴화된 감각을 발달시키기만 하면 됩니다. 단 한 번이라도 내 동물의 생각을 직접 느끼고 싶다면 포기하지 말고 도전해 보세요.

1200년대의 일입니다. 이탈리아의 구비오라는 작은 마을에 늑대가 나타나 사람들을 위협하고 가축들을 먹어치웠습니다. 마을 사람들은 매일같이 공포에 떨어야 했죠. 그때 성 프란시스St. Francis 신부가 마을 사람들의 걱정을 뒤로한 채 조용히 산속으로 걸어 들어갔습니다. 신부는 늑대와 교감하며 충분한 먹을거리와 쉴 곳을 마련해 줄 테니 더 이상 가축들을 잡아먹지 말라고 말을 했습니다.

약속대로 마을 사람들은 늑대에게 쉴 곳과 먹을 것을 나눠주었고, 그 뒤 늑대는 마을의 누구도, 어떤 것도 해치지 않았습니다. 신부와 교감을 나눌 때 늑대는 한 마리 순한 개처럼 앞발을 신부의 손에 올려놓았다고 해요. 늑대는 그 후 2년여 동안 마을 사람들과 함께 평화롭게 지내다가 숨을 거뒀습니다.

이 밖에 위협적으로 날아오는 새떼를 돌려보냈다거나 비둘기를 구조한 이야기 등 성 프란시스의 동물 교감에 관해 몇 가지 일화가 더 전해지고 있습니다. 성 프란시스 신부는 동물들의 삶과 권리를 사람과 동등하게 존중해야 한다고 주장한 최초의 애니멀 커뮤니케이터라고 볼 수 있습니다.

이처럼 애니멀 커뮤니케이터는 '동물과의 소통이 가능한 사람'을 말하며, '동물 교감사'라고도 부릅니다. 진정한 애니멀 커뮤니케이터는 단순히 동물과 교감하는 것을 넘어 동물과 반려인 사이에서 소통의 다리가 되어줄 수 있어야 합니다.

내가 기르는 동물이 아닌 다른 이의 동물과 교감하고 상담하려면 많은 공부와 경험이 필요하지만, 단순한 교감은 첫 수업에도 경험할 수 있을 만큼 쉽습니다.

"고양이 사진을 가만히 보고 있는데 머리가 마음에 들지 않는다는 느낌을 전해 받았어요. 반려인에게 물어보니 사무실에서 키우는 고양이인데 지나가는 사람마다 '너는 다 예쁜데 왜 그렇게 머리가 크냐?'면서 놀렸다고 하더군요."

"무엇을 좋아하는지 물어보고 가만히 집중을 했는데, 차창 밖으로 지나가는 버스, 사람들을 지켜보는 모습이 보였어요. 반려인에게서 그 아이가 자동차 드라이브를 즐긴다는 얘기를 전해 들었지요. 정말 신기했어요."

"엄마한테 하고 싶은 말이 있는지 물어보니 세모 모양의 사료를 보여주면서 '가득, 많이'라고 전해 왔어요. 확인해 보니 최근에 제한급식으로 바꾸어 양이 부족했을 거라고 하네요. 그 사료가 작은 세모 모양이란 걸 알고 소름이 돋았어요!"

이것들은 다 저와의 '애니멀 커뮤니케이션' 수업에서 첫 교감 시도를 한 분들의 이야기예요. 이분들 중 자신이 이렇게 쉽게 동물의 생각을 전달받을 거라고 생각한 사람은 아무도 없었습니다. 그저 느껴지는 대로 말했을 뿐인데 반려인이 같은 내용의 피드백을 해주니 깜짝 놀랄 수밖에요. 처음 이런 경험을 하면 대부분의 사람들은 우연일 뿐 교감이 이루어진 것이라고는 생각하지 않습니다. 저도 그랬고요. 하지만 그렇다 할지라도 교감 능력에 대한 열린 마음만 유지한다면 이 '우연'은 계속되고, 잦은 우연은 받아들일 수밖에 없는 현실이 됩니다. 우연은 한두 번일 뿐 반복하여 일어나진 않으니까요.

오감과 육감

거듭 말하지만 동물과의 대화는 특별한 능력이 필요한 것이 아니고, 누구나 가지고 있는 감각을 이용하여 할 수 있습니다. 갓난아기가 울면 배가 고픈 건지, 몸이 아픈 건지, 기저귀가 젖었는지 엄마는 신기하게도 알아챕니다. 따로 배우지 않았는데도 엄마가 이렇게 아기의 감정을 잘 읽어내는 것은 바로 '사랑'과 '관심'이 있기 때문이지요. 애니멀 커뮤니케이션도 이와 다르지 않습니다. 동물을 사랑하는 마음만 있으면 누구나 동물과 교감을 나눌 수 있어요. 그저 사용하지 않아 퇴화된, 직관의 대화 방식을 연습을 통해 발전시키기만 하면 됩니다.

동물들에게서 오는 정보는 오감을 통한 정보와 직감(육감)을 통한 정보로 나눌 수 있습니다. 오감을 통한 정보는 우리가 현실에서 체험하듯 보고 듣고 맛보는 것이 아니라 마음 안에서 감지되는 오감,

즉 투감透感을 말해요. 주변에 실제로 꽃이 있는 것이 아닌데 정신 작용에 의해 문득 '꽃향기가 나는 것처럼' 느껴질 때가 있지요. 이것을 투감 중 하나인 투후각이라고 말할 수 있습니다.

좀 더 쉽게 설명해 볼게요. 교감사가 "○○가 주먹만 한 분홍색 공을 보여줬습니다"라고 표현했다면, 이는 주먹만 한 분홍색 공이 실제로 내 눈앞에 보였다기보다는 머릿속에 번뜩 그 이미지가 떠올랐다고 할 수 있습니다. 다만 동물과 주파수가 연결된 후에 받은(떠오른) 정보라는 점에서, 나의 생각이 아닌 동물의 생각을 동물이 '보여줬다, 보내왔다, 말해줬다'라고 생각하면 됩니다.

교감 연습을 처음 하는 사람이라면 사진 속 동물의 눈을 뚫어져라 바라보기만 하는 것이 아니라 오감을 집중해 느껴지는 모든 것을 놓치지 말고 받아들여야 합니다. 동물 교감을 할 때 느껴지는 감각들은 오감 중에 특정한 한 가지 감각으로 느껴질 때도 있지만, 내가 좀 더 자세히 느껴보고자 의도하면 모든 감각들로 느껴볼 수 있기 때문입니다.

시각(투시)

오감 가운데 동물 교감사들이 가장 많은 정보를 받는 것은 시각을 통해서입니다. 시각을 사용하여 교감할 때는 머릿속에 예전에 겪었던 장면이 기억나거나 생각지도 못한 물건의 형태가 번뜩 떠오르는 등의 방식으로 정보가 나타납니다. 다만 시각적 정보에만 치중하다 보면 다른 감각으로 얻을 수 있는 것을 놓치기가 쉽다는 점을 주의해야 합니다.

모든 사람이 꼭 시각적으로만 교감을 나누는 것은 아닙니다. 어떤 사람은 청각적으로 더 많은 정보를 느끼기도 하는 등 사람마다 발달한 감각이 다르니까요. 시각을 발달시키고 싶다면 아래 소개하는 심상화 연습을 꾸준히 해보세요. 그리고 잘해야겠다는 압박감은 내려놓고 상상력을 발휘해 보세요. 우리의 잠재 의식이 완전히 깨어날 수 있도록 말이에요.

시각을 통해 알 수 있는 정보
분홍색 장난감 공, 뼈다귀 모양 간식, 짙은 갈색의 크지 않은 개, 긴 머리 엄마, 안경 쓴 아빠, 빨간색 방석, 높은 곳에서 내려다보는 풍경 등등

시각화 훈련 방법

편한 마음으로 몸을 이완한 뒤 나의 머릿속을 아무것도 그려지지 않은 하얀 도화지라 상상하며 아래 행동을 따라해 보세요.

1. 10초간 사물을 응시한 후 눈 감고 똑같이 그려내기: 컵, 펜, 노트 등 형태가 단순한 물건을 10초간 응시한 후 눈을 감고 머

릿속에 똑같이 그려보세요. 최대한 정밀하게 그려낼 수 있다면 좋고, 다른 물건을 가지고 응용해도 좋아요.

2. 기억에 남는 순간 떠올리기: 나의 어린 시절이나 최근의 행복했던 순간을 떠올린 뒤 머릿속에 최대한 정확하게 묘사해 보세요. 계절, 주변의 풍경, 주위 사람들의 표정, 당시 입고 있던 옷, 나의 감정 등등 무엇이든 좋아요.

3. 내가 가장 사랑하는 동물을 눈 감고 그려내기: 늘 마주하는 사랑하는 나의 동물을 마음의 눈으로 그려보세요. 마음이 애틋해지고 따뜻해진답니다.

4. 머릿속에 노란색 공을 그린 뒤 꺼내보기: 노란색 공을 떠올려 보세요. 공을 떠올렸다면 머릿속에서 뿅! 하고 꺼내 허공에 띄우고 이리저리 옮겨보세요. 꼭 공이 아니더라도 떠올리기 좋은 단순한 모양의 물건이라면 무엇이든 괜찮아요. 이것이 익숙해지면 머릿속에 간식을 그린 뒤 꺼내 동물에게 전달해 보세요.

어땠나요? 어렵지는 않았나요? 처음부터 잘되는 사람도 있지만 그렇지 않은 사람도 많아요. 한 번에 잘되지 않는다고 좌절하지 마세요. 오랫동안 사용하지 않아 갇혀 있던 능력이 개발되려면 시간이 필요하니까요. 평소에 꾸준히 연습하세요. 특별히 따로 시간을 내지 않고 버스나 지하철 안에서도 얼마든지 할 수 있어요.

청각(투청)

청각은 교감시 시각 다음으로 많이 사용되는 감각입니다. 귀를 통해 듣는 것이 아니라 내면에서 울리는 소리이기 때문에 '들렸다' 라는 표현보다는 '들리는 것처럼 느꼈다'라는 표현이 정확하다고 볼 수 있어요. 그러다 보니 내가 방금 들은 것이 동물의 생각이 아닌 나의 생각처럼 느껴질 때도 있지요. 이는 다른 감각을 통해 오는 정보들도 마찬가지입니다. 하지만 동물과 주파수가 연결된 뒤에는 정보들이 내가 미처 생각을 만들어낼 틈도 없이 빠르게 전달되어 온답니다. 머릿속에서 한 번 걸러진 뒤 번역되는 속도가 얼마나 빠른지 마치 동물이 사람의 말을 하는 것처럼 들리기도 하지요.

간혹 "우리 아이의 목소리는 어떤가요?" 하고 물어오는 반려인들이 있는데 이럴 땐 조금 난감합니다. 동물들의 목소리는 전체적인 에너지의 느낌을 반영하거나 위에 설명한 것처럼 사람의 언어로 한 번 걸러져 전달되기 때문에 모든 아이들과의 교감을 대화체나 목소리로 표현하기는 쉽지 않답니다.

청각을 통해 알 수 있는 정보
주위의 소음, 반려인의 목소리 톤, 동물의 말투, 또는 "엄마, 사랑해!"
"나는 괜찮아요" "엄마한테 산책하는 게 좋다고 말해주세요"
"노력해 본다고 해주세요" "나한테 왜 그러는 거예요" 같은 동물의 메시지

촉각(투촉)

교감에서 촉각이란 실제로 내가 동물을 만져보지 않았는데도 동물의 느낌이 전달되는 것을 말해요. 교감시에 몸의 어느 부분에서 통증이 느껴진다면 그건 내가 아픈 것이 아니라 동물의 감각이 전해진 거라고 할 수 있어요. 아파서 발을 동동 구를 만큼 강렬한 통증이 느껴지는 일은 드물지만, 사람에 따라 통증을 조금 강하게 느끼는 경우도 있습니다.

교감하는 동안 너무 이입을 했거나 내 몸의 같은 부위가 그전부터 아팠다거나 에너지의 영향을 많이 받은 경우에는 그 후유증이 오래갈 수 있어요. 하지만 대개는 교감 후 명상을 통해 정화하거나 조금 쉬고 나면 이내 사라지니 걱정하지 않아도 됩니다.

촉각을 통해 알 수 있는 정보
딱딱하거나 부드럽거나 푹신한 느낌, 따갑거나 간지럽거나 아픈 느낌,
따뜻하거나 차가운 느낌, 또는 "엄마 품이 따뜻해" "피부가 간지러워"
"빗질할 때 아파" "목욕물이 너무 차가워" "펄쩍 뛸 만큼 아파"
"소름이 돋을 정도로 따가워" 같은 동물의 메시지

미각(투미)

많은 반려인들이 자신이 주는 먹을거리가 동물의 입에 맞는지 궁금해 합니다. 미각은 동물의 기호를 확인할 수 있는 아주 중요한 감

각입니다.

언젠가 입이 짧은 강아지 써니와 교감한 적이 있어요. 교감을 하다 보니 써니가 묽은 음식보다는 쫄깃한 음식을 선호한다는 것이 느껴졌습니다. 그리고 나서 써니가 보여준 것이 연어였어요. 색감과 써니의 입맛으로 이미지를 느껴본 결과 연어라는 걸 단번에 알 수 있었지요.

이렇게 교감을 통해 동물들이 좋아하는 음식을 맛볼 수도 있고, 야생 동물이 작은 동물을 잡아먹을 때의 느낌을 간접적으로 경험해 볼 수도 있답니다. 독수리가 쥐를 잡아먹을 때의 느낌이라니, 생각만 해도 비위가 상한다고요? 걱정하지 마세요! 완벽하게 동물의 입장이 되어보면 실제로 먹어본 적 없는 음식이 달게 느껴지고 입에 침이 고이기도 한답니다. 정말 신기하지요.

이 감각은 반려 동물이 어떤 간식이나 사료를 좋아하는지 알고 싶을 때, 또는 몸이 아파 입맛을 잃은 동물의 식욕을 돋워주고 싶을 때 활용할 수 있어요.

> **미각을 통해 알 수 있는 정보**
> 좋아하는 맛이나 식감, 싫어하는 음식, 또는 "그 간식은 너무 딱딱해"
> "좀 더 말랑한 걸 먹고 싶어" "좀 더 쫄깃한 걸 먹고 싶어"
> "텁텁해서 뱉고 싶어" "입맛이 없어" 같은 동물의 메시지

후각(투후)

교감에서의 후각은 참 재미있는 감각이에요. 실제로 내 주위에서 나는 냄새가 아닌데도 정말 냄새가 나는 것같이 느껴지니까요. 여덟 살 고양이 마로와 교감을 나눌 때였어요. 마로는 아빠가 자기를 손으로 만지면 담배 냄새가 나서 싫다고 했습니다. 깔끔하게 핥아서 정돈해 둔 자신의 털에 담배 냄새가 배는 게 정말 싫었던 거예요. 주파수를 연결하고 마로에게 아빠 이야기를 꺼내자 담배 냄새가 확 느껴졌고, 마로에게 손을 내미는 모습, 마로가 피하는 모습이 한꺼번에 전달되었어요. 저는 이런 느낌을 가지고 그렇게 해석을 한 거지요.

한번은 교감을 하던 중에 갑자기 코끝에 치킨 냄새가 느껴졌어요. 정확하게 양념 치킨 냄새였지요. 반려인에게 말하니 조금 전에 치킨을 시켜먹었고 그것을 아이의 코앞에 갖다 댔다고 하더군요. 내가 느낀 냄새는 실제로 내가 머물고 있는 공간에서 나는 것이 아니라 어디선가 치킨 냄새가 나는 것처럼 내 머릿속에서 인지한 것이에요. 그때 저는 동물과 교감 연결을 하고 있었고, 치킨 냄새는 여전히 동물 주위를 맴돌고 있었던 것입니다.

후각을 통해 알 수 있는 정보
주변 냄새, 엄마 냄새, 좋아하는 장소의 냄새, 간식 냄새, 약 냄새, 병원 냄새
등등

직감(육감)

상담을 하다 보면 내 아이가 무슨 이야기를 할지 긴장하는 반려인을 종종 만나게 돼요. 그래서 본격적인 교감에 들어가기에 앞서 잠시 가벼운 이야기를 나누며 긴장을 풀고 시작하는 편입니다. 그때 가장 많이 다루는 주제는 제가 느낀 동물의 첫인상에 대해서예요. 사진을 통해 받은 동물의 첫인상, 성격, 습관, 취향을 이야기해 주면 반려인들은 잘 맞는다고 즐거워하고, 그렇게 해서 분위기가 부드러워지면 본격적인 교감을 시작합니다.

이때 느끼는 첫인상은 직감에 의한 리딩reading이라고 볼 수 있어요. 직감이란 어떤 상황을 직관적으로 파악하는 정신 작용을 말합니다. 교감을 좀 더 경험하다 보면 위에 소개한 오감 정보 외에 '그냥' 알게 되었다고밖에 말할 수 없는 상황을 만나게 돼요. 사진을 보는 순간 아이의 감정이 읽힐 때도 있고, 상황만 전해 들었을 뿐인데도 동물의 털 색깔이나 주변 모습, 성별 등이 느껴질 때가 있습니다. 우리가 마치 낯선 사람을 마주했을 때 '이 사람은 왠지 따뜻한 느낌이야' '이 사람은 냉정할 것 같아' 등의 느낌이 순간적으로 전해지는 것과도 같지요.

교감 연습을 오래 하다 보면 자연스럽게 직감이 발달하는데, 저는 이 직감을 동물의 성격을 파악하는 데 많이 사용합니다. 명상 수련을 통해 직감을 발달시키고 사진 속 동물의 모습에 편견을 갖지 않는다면 정확도는 꽤 높아요. 하지만 이제 막 교감을 시작한 사람들이 직감에 지나치게 의지하는 것은 바람직하지 않습니다. 직감 능력은 많은 경험을 통해 충분히 발달되었을 때 정확도가 높아지기 때문이에요. 처음부터 이 감각에 의지하다 보면 정확도의 기복이 클 수 있으므로 주의하는 게 좋습니다.

직감을 통해 알 수 있는 정보
동물의 성격, 성별, 반려인의 성격, 집안의 분위기, 문제 해결 방법 등등

감각 깨우기

위에서 감각과 교감에 대해 설명을 했는데요, 이런 감각들을 발달시키려면 먼저 명상으로 집중력을 높여야 합니다. 명상은 동물 교감의 매우 중요한 요소입니다. 많은 사람들이 동물 교감에 관심을 갖고 방법을 배울 때 가장 먼저 명상을 접하는데, 정작 명상이 왜 중요한지는 제대로 알지 못합니다. 교감을 할 때 왜 명상이 필요할까요? 명상을 하지 않으면 교감을 할 수 없는 것일까요? 물론 그렇지는 않습니다. 하지만 교감 수련에서 명상이 매우 중요한 과정임엔 틀림없습니다.

처음 명상을 접했을 때는 저도 거부감이 들었습니다. 뭔가 종교적이면서도 심오한 정신 세계를 가진 사람들만 하는 것이라 생각했기 때문입니다. 이제 와서 하는 말이지만 그때는 동물과의 교감을 성공해야 한다는 마음에 의무적으로 명상을 하곤 했답니다. 하지만 어느 순간, 명상은 종교도 아니고 생각이 심오한 사람들만 하는 고행도 아니라는 것을 알게 되었어요. 명상은 그저 나를 알아가는 과정이요 내 마음을 정화시켜 행복을 찾게 하는 길일 뿐이었어요.

명상을 하면 내 안에 가득한 부정적인 생각과 편견, 에너지를 정화할 수 있습니다. 사심이나 편견, 혹은 부정적 에너지가 가득한 채로 교감을 시도하면 에너지에 민감한 동물들에게 깊이 다가가기가 힘들 뿐더러 교감의 정확도도 떨어집니다. 물론 명상을 하지 않는다고 교감이 불가능한 것은 아니지만, 꾸준히 명상 수련을 하면 스스로의 에너지를 좀 더 밝고 건강하게 지킬 수 있어 더 큰 교감 효과를 볼 수 있습니다. 반대로 감정 기복이 크고 부정적인 생각으로 가득 찬 사람은 교감을 제대로 하기가 어렵습니다. 설사 가능하다 해도 그런 에너지를 감지한 동물들이 마음을 쉽게 터놓을 리 만무하지요.

살다 보면 누구나 감정에 휘둘리거나 분노를 느낄 때가 있습니다. 때론 슬픔에 휩싸이기도 하지요. 명상을 하면 이런 감정의 휘둘림으로부터 좀 더 자유로워지고 내 안에 긍정적 변화가 생기면서 동물과의 교감도 수월해져요. 예를 들어 친구와 다퉜다거나 해서 기분이 정말 좋지 않은 날은 깊이 있는 상담이나 교감을 못할 수 있습니다. 하지만 기분이 좋지 않다고 해서 그럴 때마다 매번 상담을 취소할 수는 없겠지요. 이때 명상 수련을 꾸준히 해왔다면 감정을 빠르게 추스르고 금세 교감에 집중할 수 있습니다. 이런 상황이 차곡차곡 쌓여 나의 정신과 에너지를 단단하게 만들어주며, 어느 순간 뒤돌아보면 동물과의 교감 후 나의 삶이 많이 달라졌다는 것을 느끼게 될 거예요.

정리하자면, 명상은 기감氣感 발달에 도움을 주고 나의 에너지를 건강하게 만들어 주변의 해로운 것에 휩쓸리지 않게 도와주기 때문에 동물과 교감을 하려는 사람에게 꼭 필요한 도구입니다.

교감을 위해 명상을 처음 접하는 분들이 꼭 기억해야 할 것이 있습니다. '무엇을 이루기 위해' 명상을 해서는 안 된다는 사실입니다. 동물 교감에 성공하려고 내키지 않는 명상을 억지로 하는 것은 좋지 않아요. 간혹 억지로 집중을 하다가 몸이 경직되고 두통을 앓는 분들도 계시거든요.

명상은 그저 내게 일어나는 모든 것들을 바라보고, 있는 그대로 받아들이며, 내려놓는 것을 말합니다. 몸과 마음을 온전히 쉬게 하는 것이라고 생각하셔도 좋습니다. 명상을 하면 오감이 깨어나고 평소 무심코 지나쳤던 것을 세심하게 살필 힘이 생기며 상황 인지력이 높아집니다. 이것이 직관의 발달로 연결되어 동물과의 교감에 도움을 주는 것이고요. 그러나 명상을 너무 잘하려고 애쓰거나 긴장해서 하지는 마세요. 선선한 가을밤 풀밭을 산책할 때 호흡 가득 들어오는 바람의 청량함을 느끼는 것처럼 깨어 있음을 느낄 수 있다면 그걸로 충분하니까요.

명상의 종류는 수도 없이 많아서 무엇이 가장 좋다고 말할 수는 없습니다. 아래 소개하는 몇 가지 방법을 시도해 보고 자신에게 가장 잘 맞는 것을 찾아 꾸준하게 연습해 보세요.

사랑의 빛 명상

사랑의 빛 명상은 우주에 가득한 사랑의 에너지와 대지의 치유 에너지를 통해 심신을 정화하고 감각을 발달시키는 명상법입니다. 이 명상은 레이키 정통 명상법인 발영법發靈法(레이키靈氣 에너지를 불러 일으키는 수련법) 중의 '레이쥬'(레이키 에너지를 받아들이는 것)와 땅의 에너지를 통해 심신을 정화시키는 '그라운딩' 명상을 함께 접목시켜 놓은 것으로, 제가 학생들을 위해 생각해 낸 명상법이에요. 이 명상을 통해 마음이 편안해지고 온몸의 감각들이 깨어나는 것을 느껴보시길 바랍니다.(아래 내용을 핸드폰에 녹음한 뒤 들으면서 하는 것도 좋습니다.)

1. 눈을 감고 편한 자세로 앉으세요. 바닥에 발바닥을 붙이고 등은 허리가 아프지 않을 정도로 곧게 펴고 앉습니다.
2. 가만히 심호흡을 하며 마음을 가다듬습니다. 호흡은 숨을 들이쉴 때는 배가 부풀어 오르고 숨을 내쉴 때는 배가 푹 꺼지는 복식 호흡이 좋습니다.

3. 양쪽 발에서 튼튼한 나무뿌리가 내려와서 지구와 나를 단단하게 연결해 주는 모습을 그려봅니다.

4. 나의 나무뿌리가 지구의 깊은 곳까지 도달하여 내가 거꾸로 매달려도 떨어지지 않을 만큼 단단하게 연결되어 있는 것을 느껴봅니다.

5. 발바닥을 통해 대지의 맑고 신성한 에너지가 내 몸으로 흘러 들어오는 것을 느낍니다.

6. 내 몸의 부정적인 생각이나 행동을 발바닥을 통해 대지로 흘려보냅니다.

7. 대지로 흘러간 부정적인 에너지들이 밝은 치유의 에너지로 정화되어 다시 내 몸에 채워집니다.

8. 깨끗한 마음으로 양 손바닥을 위로 하여 들어 올립니다. 저 멀리 우주의 근원으로부터 사랑으로 가득한 빛이 정수리와 양 손바닥을 통해, 또는 온몸으로 쏟아져 들어오는 것을 느껴봅니다.

9. 밝은 사랑의 에너지가 대지의 치유 에너지와 만나 소용돌이치며 내 몸 가득 채워집니다.

10. 내 몸에 가득한 사랑의 에너지들이 배꼽 아래에 모였다가 내 몸 구석구석으로 퍼져 나가 긴장을 풀어주고 몸을 이완시키는 것을 느껴봅니다.

11. 몸 안에 가득한 사랑의 빛이 피부를 통과해 몸 밖으로 퍼져 나가 주위를 밝히며 확장되어 가는 이미지를 그립니다. 따뜻한 사랑의 빛을 느끼며 호흡을 하고 있으면 자연스럽게 몸과 마음이 고요해지고, 손발에 온기가 돌며 기분이 좋아집니다.

12. 평안한 상태를 최대한 유지합니다.

13. 충분히 했다고 느껴지면 양손과 정수리를 닫고 양손을 가슴 앞에 모은 뒤 "사랑의 빛 명상을 마칩니다"라고 선언하고 평소의 의식 상태로 돌아옵니다.

주의할 점

사랑의 에너지를 받기 위해 양손과 정수리를 개방해야 합니다. 이때 어렵다면 양손과 정수리 위에 예쁜 꽃 한 송이가 만개한다는 생각을 하면 좋습니다. 꽃송이가 만개하며 에너지 입구가 개방되고, 명상이 끝날 때는 꽃송이가 닫히는 상상을 하여 개방된 에너지 출구를 꼭 닫아줍니다.

만다라 채색 명상

요즘 휴식과 힐링의 도구로 컬러링북이 유행하고 있습니다. 아마도 컬러링북의 시초는 만다라 그리기가 아닐까 싶습니다. 만다라는 여러 가지 상징들을 원 안에 여러 형태로 그려낸 불화佛畵를 말합니다. 여러 가지 문양의 만다라 도안에 색칠을 하다 보면 누구나 금세 거기에 푹 빠져들게 됩니다. 만다라는 예전부터 하나의 수행법으로 사용해 왔으며, 집중력과 시각화 능력을 키우고 마음을 차분하게 해주며, 정서 치유 효과가 있어 미술 심리 치료에도 사용됩니다.

만다라에 색칠을 하는 데 특별한 규칙은 없어요. 색연필 또는 크레파스 같은 채색 도구만 준비해서 내가 원하는 대로, 마음이 가는 대로 색들을 채워나가면 된답니다. 채워진 컬러들은 마음의 상태를 반영하므로 전문가의 도움을 받아 자신의 마음 상태를 정확히 해석할 수도 있겠지만, 우선은 마음을 차분하게 하고 생각을 정리하는 용도로 사용해도 좋을 것 같습니다. 시중에 만다라 컬러링북도 많이 나와 있으니 여기에 색칠을 해도 좋고, 인터넷에서 쉽게 찾아볼 수 있는 만다라 그림을 참조해서 직접 만다라 도안부터 그려보아도 좋을 것 같아요.

호오포노포노

'호오포노포노ho'oponopono'는 하와이 원주민들 사이에 전해 내려오는 문제 해결법을 말합니다. 호오란 '목표'를, 포노포노는 '완벽하다'를 뜻하는 말로, 호오포노포노는 '목표를 완벽하게 하다'라는 의미를 지닙니다. 하와이 원주민들은 "세상에 존재하는 모든 문제는 과거의 기억처럼 우리 머릿속에 각인된 잠재 의식이 재생되는 것"이라고 보고, 잠재 의식에 각인된 정보들을 수정함으로써 문제를 해결할 수 있다고 여겨왔습니다.

그들의 문제 해결 방법은 간단합니다. 내 마음을 향해 '미안합니다' '용서해 주세요' '감사합니다' '사랑합니다' 네 마디 말을 반복해서 읊조리는 것이 전부입니다. 그들은 이 말을 반복함으로써 잠재 의식 속에 자리 잡은 정보가 정화되어 '제로' 상태가 된다고 믿습니다. 이들에게 호오포노포노는 자기 정화를 이루고 트라우마를 극복하게 하는 수단인 것입니다.

교감 전 긍정적이고 자신 있는 모습을 갖고 싶다면 호오포노포노 정화법을 추천합니다. 특별히 무언가 준비할 것 없이 그저 편안하게 호흡하며 위의 네 마디 주문을 읊조리면 됩니다. 소리 내 읊어도 좋고 마음속으로 외워도 좋습니다. 어떤 이미지를 그릴 필요도 없고, 문제점이 무엇인지 미리 파악할 필요도 없습니다. 그저 나의 기억 속 잠재 의식의 한 지점을 향해 가만히 메시지를 보내다 보면 정화가 이루어집니다.

살아가면서 자기 자신에게 '사랑해' '고마워'라고 말하는 이들이 얼마나 될까요? 처음 호오포노포노를 접했을 때 마음이 정화되면서 하염없이 눈물이 쏟아졌던 기억이 있습니다. 그래서 저는 마음의 정화가 필요한 분들에게는 호오포노포노를 권합니다. 이곳에 소개한 내용은 일부분에 불과하니, 호오포노포노에 대해 좀 더 알고 싶다면 인터넷 정보나 관련 서적을 찾아보길 권합니다.

하루 10분 묵언, 무행

저는 앞서 말한 레이키 정통 명상법인 '발영법'을 꾸준히 하고 있지만, 어떤 날은 말없이 호흡만 하기도 하는데 이는 명상이 어렵게 느껴지는 교감 초보 연습생들에게 무척 좋은 방법입니다. 우리는 하루 종일 너무 많은 것을 보고 듣고 말합니다. 머릿속은 한시도 쉬지 않고 생각을 하며 눈은 잠시도 쉬지 않고 무언가를 봅니다. 이런 소란스러움으로부터 벗어나 잠들기 전 10분이라도 묵언默言(말하지 않고), 무행無行(행동하지 않고), 무시無視(보지 않는)의 시간을 가지면 지친 마음을 달래고 나만의 감각을 깨울 수 있습니다.

이 명상은 조용한 장소와 시간을 찾아 책상다리를 하거나 의자에 앉아 하는 것이 좋습니다. 명상을 하면 몸이 이완되기 때문에 누우면 잠들기가 쉽습니다. 따라서 누워서 하는 것은 권장하지 않습니다.

묵언, 무행 명상법

1. 눈을 감고 가만히 호흡하며 몸을 이완합니다. 호흡은 평소보다 천천히 깊게 합니다.

2. 주변의 소리에 신경 쓰지 않고 나의 몸, 호흡을 느끼며 휴식을

취합니다.

3. 명상을 잘해야겠다, 성공해야 한다는 압박감은 몸을 긴장하게 만듭니다. 마음의 부담감을 내려놓고 입가에는 미소를 머금습니다.

4. 무언가 느끼려고 애쓰지 말고 호흡만 합니다. 그러다 보면 어느 순간 몸이 이완하며 호흡이 깊어집니다. 몸이 이완하고 정신은 맑고 또렷해지는 상황을 느껴봅니다. 잡념이 밀고 들어오면 그것은 그것대로 받아들이고 넘겨버립니다. 그저 내가 깨어 있음을 인지하며 아무것도 보지 않고 듣지 않고 말하지 않는 상태를 유지하면 언어를 사용하기 이전의 의식 상태로 돌아갈 수 있습니다. 이 상태에서는 동물과의 교감이 어렵지 않게 이루어집니다.

명상 일지 쓰기

하루에 한 번 명상을 한 뒤 명상에서 느낀 점을 일기로 남기는 것은 명상을 연장시키는 효과가 있습니다. 이렇게 일기를 쓰는 시간조차도 명상이 되고, 잠재 의식을 발달시키는 데 더없이 좋은 습관이 됩니다. 또 하루 동안 일어났던 일, 명상중에 느꼈던 소소한 모든 것을 메모함으로써 스스로를 돌아볼 수도 있습니다.

3.

반려 동물 마음 알아주기

정말 동물과 대화할 수 있나요?

제 동생은 무뚝뚝한 독신 남성입니다. 그런 동생이 어쩌다 고양이 체리를 반려하게 되었습니다. 그런데 감정 표현에 서툴기만 하던 동생이 체리를 반려하게 되면서 무척이나 다정다감한 성격으로 바뀌었답니다.

체리는 정말 똑똑하고 훌륭한 고양이예요. 큰 말썽도 한 번 부리지 않았지요. 그런데도 고양이의 습성을 잘 모르는 동생은 "체리는 똥을 싸고 모래를 덮지 않고 나와. 냄새가 나서 죽겠어. 그럴 땐 정말 밉다니까" 하면서 저에게 가끔씩 불평을 털어놓곤 했어요.

제 동생처럼 동물의 기본적인 습성을 모르는 반려인들이 참 많습니다. 동물의 본능적인 습성은 몸에 배어 있는 것이라 고치기가 매우 어렵고 고치려고 해서도 안 됩니다. 하지만 저는 혹시라도 이유가 있을까 싶어 체리에게 조심스럽게 말을 걸어보았습니다.

"체리야, 화장실에서 왜 그냥 나오는 거니?"

"(어리둥절한 모습으로) 왜요? 뭐가 잘못됐나요?"

"아니 그런 건 아니야. 오빠가 냄새가 나서 힘들대. 덮고 나와줄 수 있을까?"

저는 이렇게 말하면서 모래를 덮는 모습을 체리에게 이미지로 보내주었어요.

"아! 몰랐어요. 해보죠 뭐."

큰 기대는 하지 않았기에 동생에게 말을 하지 않고 있었는데 다음날 동생에게서 연락이 왔습니다.

"체리가 오늘 아침에 똥을 싸고 덮고 나왔다니까!! 처음 보는 장면이었어."

저는 웃으며 말했어요.

"어젯밤에 내가 부탁했어."

"누나가 얘를 언제 봤다고? 어제 우리 집에 온 것도 아니잖아."

동물과 교감해 본 적이 없는 사람들한테서 흔히 나오는 반응이기에 저는 차분하게 상황을 설명했습니다.

"사진만으로도, 아니 사진이 없더라도 소통은 가능해."

동생이 잠시 머뭇거리더니 제게 말했습니다.

"그럼 우리 체리한테 정말 고맙다고, 앞으로도 이렇게 계속 해달라고, 예쁘다고 전해줘."

"당연히 칭찬해 줘야지!"

체리에게 오빠가 아주 기뻐한다고 전하자 체리는 화장실에 모래를 덮지 않는 것이 오빠를 불편하게 하는 줄 전혀 몰랐을 뿐 이제는 알았으니 고치겠다고 했습니다. 체리는 그 후 항상 모래를 덮고 나옵니다. 그리고 사람과 동물이 마음을 나누는 일이 가능하다는 것을 믿게 된 제 동생은 퇴근 후 집에 돌아와 체리와 함께 텔레비전을 보거나 감정을 나누기 시작했습니다.

제 남동생처럼 "애니멀 커뮤니케이션이 정말 가능한 걸까?" 하고 의문을 가진 분들을 흔하게 만날 수 있습니다. 제가 처음 상담과 강의를 시작했을 때는 더 그랬습니다. 그러다 보니 수업에 오시는 분들에게 애니멀 커뮤니케이터를 본업으로 삼지 말라고 안내한 적도 있었어요. 동물 교감이 가능하다는 것을 사람들이 믿으려 하지 않으니 그 일만으로는 경제적으로 어려움을 겪기 십상인데다 감정 소모 또한 굉장히 큰 일이기 때문이었습니다. 저 또한 동물 교감이 본업이 아니었고요. 당시 저는 인형을 만들고 바느질을 하는 수공예 작가로 활발하게 강의도 하고 창작 활동도 하고 있었어요. 그런데 교감 상담과 작가 활동을 병행하기가 쉽지 않아 어렵게 동물 교감을 전업으로 하기로 결심한 겁니다.

하지만 모르는 이와의 첫 대면에서 "무슨 일 하세요?"라는 질문을 받았을 때 당당하게 대답하기까지는 꽤 오랜 시간이 걸렸습니다.

동물과 대화한다고 답하는 순간 "동물과 대화한다고요? 그럼 얘가 지금 뭐라 그러는지 맞혀보세요"라며 그 자리에서 시험을 하거나, 정신이 이상한 여자를 다 본다는 듯한 표정을 짓는 사람들이 많았거든요. 지금은 오랜 활동을 통해 그런 시선들에 좀 더 여유로운 마음을 가질 수 있게 되었고, 의심하는 사람들을 이해시키려고 에너지를 낭비하지도 않습니다. 직접 경험해 보기 전까지는 생각을 바꾸기 어렵다는 것을 아니까요. 그저 내 자리에서 묵묵히 열심히 활동하다 보면 많은 반려인이 동물 교감이 가능하다는 것을 경험하게 될 것이고, 그런 분들과 나눈 이야기들이 증거가 되어 애니멀 커뮤니케이션에 대한 이해가 제대로 자리 잡을 거라 생각합니다.

애니멀 커뮤니케이터들의 활발한 활동 덕분에 요즘엔 사람들의 생각이 많이 바뀌어가고 있지만 여전히 넘어야 할 장벽이 높습니다. 애니멀 커뮤니케이션을 가족들이 인정해 주지 않아 배우고 싶어도 못 배우는 사람, 배우다가 도중에 외출 금지를 당한 사람, 심지어 신내림이 온 거냐는 오해를 받은 사람도 있지요. 이 책에서는 애니멀 커뮤니케이션을 신뢰할 만한 이야기들을 많이 소개할 생각이에요. 이 책을 읽고 애니멀 커뮤니케이션에 대한 믿음과 자신감을 가질 수 있기를, 그리고 더 이상 주변의 시선으로부터 상처받지 말고 당당히 이 일을 배워나가기를 바랍니다.

나의 동물과 나누는 교감

많은 사람들이 반려 동물과 교감을 나누고 싶다는 바람에서 애니멀 커뮤니케이션을 공부하려고 합니다. 때론 그런 간절한 마음들이 조급함을 가져오기도 합니다. '대화에 꼭 성공해야겠다. 잘해야겠다' 하는 강박 관념은 애니멀 커뮤니케이션에 도움이 되지 않아요. 애니멀 커뮤니케이션은 긴장을 풀고 몸과 마음이 이완되었을 때 자연스럽게 이루어집니다.

처음에는 아래 소개할 교감 방법을 이용해서 단계별로 차분히 연습해야 하지만, 익숙해지면 마음을 편하게 하고 잠시만 집중해도 쉽게 교감이 되는 것을 경험할 수 있어요. 물론 이렇게 되기까지 많은 연습이 필요하고 직관도 발달시켜야 하지만, 잘해야겠다는 마음의 부담을 접고 사랑의 감정과 자유로운 사고만 열어둔다면 이미 절반은 온 것입니다.

많은 반려인이 동물과 교감할 때 "내 얘기가 들리면 지금 내 옆으로 와줘" "내 얘기가 들리면 지금 한 번 소리 내서 울어봐. 간식 줄게"라고 동물에게 부탁을 합니다. 결론부터 말하자면 이런 부탁은 대부분 실패합니다. 사람도 엄마가 시킨다고 해서 내키지 않는 것을 억지로 하지는 않잖아요. 이는 동물도 마찬가지입니다. 때로는 정말 신기하게도 내 앞에 와주는 아이들이 있지만 못 들은 척하는 아이들도 많아요.

이럴 때는 같은 공간에 거리를 두고 앉아 앞서 소개한 시각화 연습을 응용해 보길 권합니다. 좋아하는 놀이나 간식의 이미지를 시각화하고 그 이미지를 허공으로 꺼내 동물에게 전달해 봅니다. 어떤 보상을 걸고 행동을 요구하기보다, 좋아하는 것을 바로 보여주고 그것에 대해 동물이 보이는 본능적 반응을 관찰하는 것이 더 좋은 교감 연습입니다.

제가 교감을 시작한 지 얼마 되지 않았을 때의 일입니다. 어느 날 불을 끄고 침대에 누워 잘 준비를 하며 마음속으로 쥬르에게 말을 건넸습니다.

"쥬르야, 엄마 누웠어. 왜 오늘은 안 오는 거야? 빨리 와서 내 옆에 누워야지. 이 소리가 들리면 빨리 와줘. 내가 너희랑 대화하려고 이렇게 열심히 공부한단 말이야."

말을 마친 순간 어떤 메시지가 들려왔어요. 너무 빠르고 정확해

소름이 돋을 정도였습니다.

"난 지금 부엌 식탁 밑 따뜻한 바닥에 웅크리고 있어. 여기가 따뜻해. 귀찮게 자꾸 부르지 말아요."

벌떡 일어나 불을 켜고 부엌으로 가보니 정말 쥬르가 식탁 밑에서 웅크린 채 저를 빤히 올려다보고 있는 것이었어요!

이것이 저와 쥬르의 첫 교감이었습니다. 제 아이들과 더 자연스럽게 소통하기까지는 그 후로도 꽤 오랜 시간이 걸렸지만, 이 일을 계기로 다른 방 어딘가에 숨어 있는 고양이들의 위치를 교감을 통해서 알아맞히는 재미를 얻게 되었어요. 이렇게 한동안 보이지 않는 아이들이 어디 앉아 있는지 가만히 느껴보고 확인해 보는 것도 좋은 연습법입니다.

제 휴대전화는 매일 아침 9시면 어김없이 알람이 울립니다. 몇 년째 같은 알람 음을 사용하다 보니 알람이 울리면 곤히 자고 있던 일곱 고양이들도 눈을 뜨고 일어날 채비를 해요. 물론 알람이 울리기 5분 전부터 일어나 앉아 저를 바라보고 있는 아이들도 있어요. 동물들의 시간 감각은 때론 시계보다 더 정확하답니다.

특히 평소에도 수다스러운 쥬르는 계속 제 주위에서 쫑알거리며 비몽사몽인 엄마를 깨우기 시작합니다. 예전에는 그 쫑알거림을 그저 우는 소리라고 생각했는데 지금은 그것이 쥬르가 저에게 보내는 메시지라는 걸 알고 있지요. 잠을 자고 일어난 직후는 정신이 맑고 감정이 차분해진 상태라 교감하기에 좋은 시간입니다. 저는 가만히 마음의 소리에 귀 기울이고 쥬르가 무슨 이야기를 하고 싶어 하는지 집중합니다.

"밥이 없어?"

"화장실이 더러워?"

"물은 있니?"

눈으로 바로 확인해도 되지만 먼저 물어본 다음 일어나 확인하는 것으로 하루를 시작합니다. 그렇게 함으로써 내 반려 동물들과의 교감 정확도를 늘려갈 수 있거든요. "밥그릇에 밥이 없잖아"라는 동물의 메시지를 눈으로 직접 확인할 때 얼마나 기쁜지 여러분도 느껴보았으면 좋겠습니다.

'향 님'은 반려 동물과의 대화를 간절히 바라는 마음에 멀리 제주도에서 한 번도 빠짐없이 수업에 참석한 분이었습니다. 사랑스러운 두 마리의 개, 치치와 배배를 반려하고 있는 향 님은 평소 명상을 꾸준히 해왔기 때문에 금방 집중력을 발휘하였고 교감 능력 또한 빠르게 습득했습니다. 처음에는 남의 동물들과는 교감해도 본인이 반려하는 동물과의 교감은 자신 없어하는 경우가 많은데, 향 님은 자신의 동물들과도 금세 소통했다고 해요. 향 님이 자신의 동물들과 소통한다고 믿게 된 사건이 하나 있었답니다.

치치와 배배를 가족으로 맞은 뒤 한 번도 제대로 여행을 가지 못한 향 님이 큰맘 먹고 남편과 중국 여행을 계획했다고 합니다. 치치와 배배는 반려견 호텔에 맡길 예정이었지요. 여행 전날, 잠시 떨어져야 한다는 걸 교감으로 설명하니 치치가 시무룩해하며 눈물을 글썽였다고 합니다. 여행을 떠나는 날 아침, 향 님이 치치에게 이렇게 말을 했어요.

"치치야, 호텔에서 잘 지내고 있어. 엄마 갔다 올게."

치치는 떠나보내야 한다는 걸 아는 듯 말없이 눈물만 떨구었다고 해요. 마음이 무거웠지만 아이들에게 직접 이런 상황을 전해주고 나니 발걸음이 한결 가벼웠다고 합니다. 여행지에서도 매일 아침 치치와 교감을 나누었는데 그것이 무척 큰 위안이 되었다고 합니다. 특히 엄마와 떨어져 있는 동안 배배가 배앓이를 한 것을 교감을 통해 알고는 멀리서 레이키 힐링(레이키 에너지를 전달하여 자가 치유력을 높여주는 힐링, 자세한 내용은 저의 책 《애니멀 레이키》를 참고하세요)을 해주었는데 나중에 아이들을 돌봐주시는 선생님이 이렇게 말했답니다.

"배배가 배앓이를 했지만 신기하게 금방 괜찮아졌어요."

저는 몇 년 전 저에게 수업을 받는 학생들과 친목 도모를 위해 여름 캠프를 갔다 오느라 무려 40시간 가까이 집을 비운 적이 있습니다. 고양이들만 두고 오랜 시간 떠나 있는 것이 처음이라 마음이 편치 않았지만, 교감을 통해 틈틈이 아이들의 상태를 느끼고 힐링 에너지를 보내주었습니다. 그런데 집에 돌아와서 보니 아이들의 눈빛이 너무 슬프게 변해 있었어요.

"아, 이런…… 고아들이 따로 없네."

미안한 마음이 들었지만, 한 녀석씩 돌아가면서 늘어놓는 푸념들을 들으니 피식 웃음이 나왔습니다. 엄마가 집 비우는 것을 누구보다 싫어하는 커리는 낮잠을 자려고 준비하는 제 곁으로 오더니 인상까지 써가며 잔소리를 했어요. 그 모습이 너무나 재미있어서 사진으로 남겨두었지요. 밤비는 계속해서 쥬르를 일러바치기 바빴습니다. 순둥이지만 유독 밤비에게만 엄한 쥬르는 밤비의 군기 반장입니다. 엄마가 좀 서운하게 하면 밤비에게 달려가 화풀이를 하는 녀석이지요. 그런 녀석이니 엄마가 집을 비운 동안 얼마나 밤비를 들들 볶았을지 상상이 갔지요. 밤비는 쥬르가 계속 쫓아다니며 귀찮게 했다면서 내 품을 파고들며 어리광을 부렸습니다. 이토록 사랑스러운 불평들을 들으면서 동물과 교감한다는 것이 얼마나 행복한 일인지 다시 한 번 느꼈습니다.

당장은 정확하지 않아도 괜찮습니다. 내 동물과의 교감이 틀리든 맞든 비난할 사람은 없으니까요. 계속해서 시도하고 그것이 맞는지 확인해 가며 교감 정확도를 천천히 높여가 보세요.

계속 강조한 대로 동물 교감의 시작은 반려 동물의 마음을 이해하려 노력하는 것입니다. 내 반려 동물이 문제 행동을 보이거나 몸이 아프거나 무언가 간절히 바라는 것 같은데 그 생각을 알 수 없어 답답할 때, 장기간 집을 비우게 되거나 다른 가족이 생기는 등 전해주고 싶은 이야기가 있을 때, 우리는 한 번쯤 '내가 말하는 걸 동물이 알아들을 수 있다면 얼마나 좋을까?' 생각합니다. 하지만 우리는 이미 일상 속에서 반려 동물과 크고 작은 교감을 나누고 있습니다. 간식이 들어 있는 서랍 앞에서 간절한 눈빛을 보낼 때, 신발장 앞에 가만히 앉아 나를 쳐다볼 때, 귀여운 손을 뻗어 툭툭 건드릴 때 동물들이 무엇을 원하는지 우리는 알지요. 하지만 대부분의 사람들이 이런 상황을 교감을 나누는 것이라고 생각하지 않고 함께 살다보니 그냥 알게 된 것쯤으로 여기고 맙니다.

일반적으로 반려인들은 동물이 보내오는 이야기를 받아들이는데 관심이 없거나, 반려 동물의 이야기를 들으려는 별다른 노력 없이 그저 일방적으로 하고 싶은 말만 전달하는 것에 익숙해져 있습니다. 사실 자신들이 생각하는 것보다 훨씬 더 많이 동물과 교감하며 지내고 있는데 말이죠. 어쩌면 이미 반려 동물의 많은 부분을 파악하고 있기 때문에 교감 연습이 더 어려운 건지도 모르겠습니다. 내가 느끼는 것들이 이미 알고 있는 정보에서 오는 나의 생각인지 아니면 동물이 보내오는 신호인지 구별하기가 쉽지 않을 테니까요. 바로 이런 이유로 나의 교감 능력에 확신이 들 때까지는 내가 잘 알지 못하는 타인의 동물을 대상으로 연습하는 것이 좋은 연습 방법입니다.

상담 의뢰를 해오는 반려인 중에는 자신의 반려 동물과 이미 자연스럽게 소통하고 있는 분들이 꽤 많습니다. 그러나 말 그대로 '그냥' 아는 것이라고 여길 뿐 그것이 교감이라고는 생각을 못하죠. 동물들이 우리의 생각을 알아채고 먼저 행동하는 모습을 흔하게 볼 수 있듯이 우리도 동물이 무엇을 바라는지 무슨 말을 하고 있는지 알아챌 때가 있습니다. 이는 오랜 시간 함께하면서 교감이 이루어졌기에 가능한 현상입니다.

많은 사람들이 동물과의 교감이 이루어지는 순간에 어떤 특별한 신호가 있을 거라고 생각합니다. 하지만 특별한 신호 같은 건 거의 없습니다. 동물이 알려오는 메시지는 나의 생각이나 상상처럼 문득 떠오르니까요. 다른 것이 있다면, 교감의 순간 나의 의지와 상관없이 여러 가지 정보들이 한꺼번에 마구 떠오르거나, 내 기준에서 이해할 수 없는 엉뚱한 것이 떠오르기도 한다는 점입니다.

언젠가 어느 발랄한 강아지와 원격으로 교감을 나눌 때였어요. "안녕?" 하고 인사를 건네자, 제 머릿속에 공주 옷을 입고 뱅글뱅글 도는 강아지의 모습과 갖가지 옷들이 떠올랐어요. 강아지는 제 정신을 쏙 빼놓을 만큼 뱅글뱅글 돌면서 자기 옷들을 자랑하듯 보여주었답니다. 그 얘기를 들은 반려인이 말했습니다.

"정말 놀라워요! 이 아이는 옷 입는 것을 무척 좋아해요. 전용 옷장도 따로 가지고 있어요."

교감이 거의 끝나갈 무렵 "엄마에게 하고 싶은 말이 있니?"라고 묻자 아주 자랑스러운 표정으로 똥을 보여준 아이도 있었어요. 알고 보니 자신이 무척 건강하다는 말을 하고 싶었던 거예요. 반려인은 아이가 똥을 예쁘게 잘 쌀 때마다 "아이, 예뻐라~ 우리 애기 건강하네!"라고 말해줬다고 합니다. 이렇듯 교감을 할 때는 내 스스로 떠올리기에는 다소 엉뚱하고 기막힌 이미지들이 밀고 들어오기도 하고 많은 생각이 순식간에 펼쳐지기도 합니다.

교감 소통이 낯설기는 동물들도 마찬가지입니다. 동물들도 사람과 음성으로 소통하는 것에 익숙해져 있으니까요. 그러다 보니 입 밖으로 소리를 내지 않고 교감을 통해 동물의 이름을 부르거나 말을 걸면 아무 반응을 보이지 않기도 해요. 교감을 나눌 때 꼭 마음으로만 전달할 필요는 없습니다. 입 밖으로 소리 내 의사소통을 해도 괜찮습니다. 여기, 반려 동물과 소통하는 데 도움이 될 만한 몇 가지 방법을 소개할게요.

동물들에게 도움 청하기

이것은 동물들의 자존감을 높이는 매우 좋은 방법입니다. 동물들은 가족을 돕는 데 무척 적극적이랍니다. 평소 아이들이 좋아하는 일이나 가능성이 보이는 일을 맡겨주면 더욱 좋아요. 저의 일곱 아이들은 저마다 크고 작은 역할이 있답니다. 예를 들어 "엄마의 얘기

를 들어줘" "엄마의 교감 공부를 도와줘" "가족들을 지켜줘" "엄마
는 벌레가 무서우니까 벌레를 잘 잡아줘" 같은 부탁이나 역할을 계
속해서 전달하여 인식시켜 줍니다. 우리 반려 동물들은 기꺼이 맡
은 일을 해낼 것입니다.

외출했을 때 교감하기

'아이가 지금 외롭지는 않을까? 무슨 생각을 하고 있을까?' 궁금
해 하는 분들이 많습니다. 저는 지방 출장이나 강의 등으로 긴 시
간 집을 비우게 되면 교감을 통해 아이들의 안부를 확인하고 지금
어떤 상태인지 느껴봅니다. 외출했을 때 동물들의 감정 상태나 현
재 위치, 하고 있는 것 등을 느껴보고, 집에 가족이 있는 경우에는
연락을 해서 자신의 느낌이 맞는지 확인한다거나 나중에 가정용
CCTV를 통해서 교감 여부를 확인해 볼 수도 있습니다.

교감을 통한 술래잡기

이것은 제가 가장 많이 사용하는 방법입니다. 큰방에 앉아 아이
가 지금 어디에 있는지, 즉 작은방에 있는지, 장롱 위에 올라가 있는
지, 식탁 밑에 웅크리고 있는지를 교감을 통해 알아봅니다. 그리고
느낌이 오면 확인하러 갑니다. 교감을 통해 어디 있는지 찾아본 뒤
'까꿍' 하며 놀라게 하는 것도 정말 재미있습니다.

알아두어야 할 점은, 동물들이 보내오는 답변이 현재의 모습만을 보여주지는 않는다는 것입니다. 자고 있는 동물이 무의식 속에서 뛰어노는 모습을 보내오는 경우도 있습니다. 그것은 잠을 자는 동물과도 교감이 가능하기 때문이지요. 지금 동물이 무엇을 하고 있는지 궁금할 땐 시각적 정보보다는 기분과 느낌에 집중하는 것이 정확할 수 있습니다. 무언가 먹고 있을 때나 사랑하는 가족이 귀가하는 시간이면 산만해져서 교감이 잘 안 되는 경우도 있거든요.

집중하고 느끼기

동물이 무언가 말하고 싶은 표정을 짓거나 계속 짖어댄다면 지금 나에게 무슨 표현을 하는 것일까 가만히 집중하고 느껴봅니다. 그리고 내가 생각한 게 맞는지 행동으로 옮기고 반응을 살펴봅니다. 어떤 의사를 표현하고 있는 동물을 바쁘다고 무시하거나 "당최 뭘 원하는지 모르겠어. 조용히 해"라고 제지해서는 안 됩니다. 그저 "내가 너에게 관심을 기울이고 있단다"라며 노력하는 모습을 보여주는 것만으로도 동물들은 충분히 만족하니까요. 아주 사소한 것까지 동물의 의견을 물어보는 습관도 참 좋습니다. '설마 알아듣겠어?'라고 생각해 시도조차 하지 않는 것보다, 당장 답변을 듣지 못하더라도 들으려 노력하고 끊임없이 확인하다 보면 어느새 동물과의 의사소통이 자유로워질 거예요.

서로의 동물 교감해 주기

　마지막 방법은 교감 공부를 하는 사람들끼리 서로의 동물을 교감해 주는 것입니다. 이 방법은 내 아이에 대해 이미 잘 알고 있어 교감으로 얻은 정보인지 나의 상상인지 구분이 어려운 분들에게 좋아요. 내가 교감으로 느낀 것들이 정확한지 아닌지 다른 사람을 통해 확인하고 점검하는 데 매우 유용하답니다. 또 제 경험으로 보자면 "엄마를 사랑해" 같은 말들은 다른 사람을 통해 전해 들었을 때 더 기쁘더라고요. 한 번 더 확인한 것 같은 기분이랄까요?

혼자 공부해 보기

동물과 마음 연결하기(마인드 브리지)

교감의 기본적인 원리는 에너지 주파수를 맞춰 소통할 대상과 접속하고 에너지의 파동을 주고받음으로써 정보를 교환하거나 읽는 것입니다. 쉽게 말하자면 일종의 텔레파시라고 볼 수 있어요. 텔레파시는 언뜻 말도 안 되는 초능력이라 생각할 수 있지만, 이심전심以心傳心이라는 말처럼 굳이 드러내지 않아도 상대의 마음을 알게 되는 경우를 여러분도 많이 겪어보셨을 거예요. 에너지가 공명하는 사람들은 말하지 않아도 서로의 생각이나 기분을 알 수 있습니다. 상대방을 이해하려고 노력한다면 그 마음이 느껴지고 서로 소통이 가능하게 되지요. 이러한 텔레파시 방식으로 동물과 교감하려면 마음과 마음 사이에 소통을 위한 다리를 연결해야 합니다.

동물과 마음을 연결하는 방법은 많지만 여기서는 한 가지 방법을 소개하겠습니다. 이 방법은 제가 고안해 낸 것으로 어렵지 않아서 초보자들도 따라하기 쉬울 거예요. 아래 순서대로 천천히 따라 해 보세요.

1. 숨을 깊게 들이쉬고 내쉬기를 반복하여 몸과 마음을 이완합니다. 긴장 또는 경직되어 있다면 고요하게 호흡을 하며 충분히 이완될 때까지 시간을 갖고 현재 나의 감정, 몸의 상태를 점검해 봅니다. 나의 상태를 인지하고 나면 교감 연결 후 느껴지는 것들이 나의 것인지 동물의 것인지가 훨씬 명확해질 수 있어요.

2. 내 몸이 하얀 도화지라고 심상화합니다. 내 안의 편견이나 판단을 잠시 내려놓고 어떤 것에도 휘둘리지 않는 깨끗한 마음을 만드는 과정입니다. 동물들과 교감할 때는 불필요한 감정이나 선입견은 내려놓으세요.

3. 가만히 나의 심장 박동을 느껴봅니다. 그런 다음 교감을 원하는 동물의 심장을 떠올리고, 반짝이는 황금빛 선으로 나의 심장과 동물의 심장을 연결합니다. 이 순간 나의 마음엔 오직 사랑의 감정만 가득합니다. 그 감정을 동물의 마음과 연결하는 데 황금빛 선을 이용했을 뿐입니다. 마치 어렸을 적 종이컵 두 개를 실로 연결해 전화기 놀이를 하던 것과 흡사합니다. 양쪽

심장이 반짝이는 실로 연결되어 소통할 준비를 마쳤다고 생각하면 이해하기 쉽겠네요. 어떤 색깔의 빛을 떠올려도 상관없지만 교감 연습을 하는 분들은 보통 강한 에너지를 뿜는 황금색이나 깨끗한 하얀 빛, 또는 사랑을 의미하는 분홍색을 주로 떠올리니 참고하세요.

4. 이로써 나의 마음과 동물의 마음이 이어졌습니다. 이제 전해지는 느낌에 집중합니다. 동물들과 접속했을 때 거창하고 멋진 어떤 현상이 일어나는 것은 아니에요. 곁에 있는 친구와 대화를 나누기 시작할 때의 기분과 비슷하다고 보면 됩니다. 다른 점이 있다면 내 의도와 상관없이 정보가 밀려들거나 갑자기 감정의 변화가 생길 수 있다는 점입니다. 조금 전까지 아무렇지 않았는데 마음이 갑자기 설레기도 하고 슬픔으로 가득 차기도 합니다. 많은 애니멀 커뮤니케이터들이 심장 박동이 빨라지는 경험을 하기도 해요.

하지만 개인마다 차이가 있으므로 자기만의 느낌을 찾는 것이 중요하답니다. 자기만의 느낌을 찾아가다 보면 교감이 되는 순간을 확신할 수 있어요. 나의 현재 상태와 관계없는 생소한 감각이나 생각이 전해진다면 교감 연결이 되었다는 신호라 생각해도 좋습니다.

이 과정은 그저 동물과 깊은 연결이 되었다는 것을 인지하기 위한 의도적 단계입니다. 따라서 연결을 시도한 후에는 느낌이 확실치 않더라도 연결이 되었다고 믿고 다음 단계로 넘어가세요. 대부분은 의도만 제대로 가지면 연결이 쉽게 되니까요. 동물이 교감을 원치 않는 경우 제대로 연결이 되지 않을 수 있지만, 경험상 이런 아이들은 손에 꼽을 정도로 거의 없다고 봐도 됩니다.

5. 동물과 접속된 것이 느껴졌다면 인사를 건네고 대화를 허락하는지 지켜봅니다. '지켜본다'고 했지만 '느껴본다'는 표현이 더 정확하겠네요. 접속되는 순간부터는 모든 감각을 열어놓고, 들어오는 정보를 하나도 놓치지 않도록 집중하세요. 동물의 생각이 감정으로 밀려들어 올 때도 있고, 맛으로 느껴지기도 하고, "안녕!" 하고 말소리처럼 들려오기도 하며, 나의 생각처럼 펼쳐지기도 합니다. 마인드 브리지를 연결한 뒤에는 정보를 하나라도 놓치지 않도록 일단 빠르게 메모합니다. 내용은 교감이 끝나고 난 뒤 문장으로 잘 정리하면 됩니다. 이렇게 궁금한 것들을 물어보고 메모를 하는 방식으로 교감을 나눕니다.

6. 교감이 끝나면 어떤 방법으로든 끝맺음을 해야 합니다. 동물에게 작별 인사를 해도 좋고, 노트에 '끝'이라고 써도 좋습니다. 끝맺음을 제대로 하지 않으면 잔상이 남아 다음 교감에 영향을 주기도 하고, 감정 정리가 되지 않아 어려움을 겪기도 해요.

시간이 지나면 대부분은 접속이 저절로 끊기지만, 간혹 연결이 계속되어 대화를 기다리는 동물들도 있다고 합니다. 간단하게라도 '사랑의 빛 명상'을 하여 마무리를 하면 더욱 완벽하게 정리할 수 있어요.

간결하게 정리한 교감 방법

1. 나만의 교감 노트 준비하기: 휴대하기 좋은 예쁜 노트를 하나 준비합니다.

2. 교감할 동물의 이름을 적고 교감 날짜, 시간 메모하기: 교감할 동물들을 주변의 지인이나 자신이 활동하는 온라인 동호회 등을 통해 구해서 하면 좋아요.

3. 잠시 깊게 호흡을 하며 심신을 이완하고 자신의 상태를 인지하기: 자신의 상태를 알고 교감을 시작하면 동물의 상태와 나의 상태를 좀 더 명확히 구분할 수 있어요.

4. 동물의 마음에 연결하기: 앞에서 설명한 대로, 빛의 선으로 동물의 마음(심장)과 나의 마음(심장)을 연결합니다.

5. 인사 전달하고 교감 시작하기: 인사를 건네고 동물에게 자기소개를 하며 동물이 교감을 받아들일 준비가 되었는지 확인을 합니다.

6. 질문하고 답변 받아들이기: 필요한 질문들을 동물에게 전달하

고 모든 감각을 통해 동물의 답을 받은 뒤 메모합니다.

7. 감사 인사를 전달하고 연결 끊기: 대화가 모두 끝나면 대화에 참여해 준 동물에게 감사의 인사를 건네고 빛의 선을 거두거나 끊습니다.

8. 받은 정보 메모하기: 교감할 때 얻은 답변들을 자세하게 정리해서 문장으로 완성합니다. 반려인과 채팅으로 교감 내용을 나눌 때에는 이 과정을 거치지 않고, 위의 6번에서 바로 반려인에게 그 내용을 전달해 피드백을 주고받습니다.

9. 반려인과 채팅 등 동시에 피드백을 주고받는 상황이 아닐 때는, 메모한 내용을 바탕으로 정리한 뒤 메일로 반려인의 피드백을 받아 교감이 맞았는지 확인합니다.

질문하고 받아들이기

동물에게 궁금한 것들을 어떻게 질문하면 좋을까요? 동물에게 의사를 전달하는 방법은 크게 두 가지입니다. 하나는 전할 내용을 이미지로 만들어서 보내는 것이고, 두 번째는 말하는 것처럼 보내는 방식입니다.

좋아하는 음식이 무엇인지 궁금할 때 빈 그릇의 이미지를 보내주면 그 안에 원하는 음식이 채워져 오기도 합니다. 산책을 원하는지 궁금할 땐 리드 줄이나 밖으로 나가는 이미지를 보내면 반응이 오지요. 이것이 이미지로 메시지를 보내는 방법입니다. 이미지를 만들기가 어려운 질문은 사람의 언어로 얼마든지 전달이 가능합니다. "좋아하는 게 뭐야?" "기분이 어때?" "산책이 좋아?" 이런 식으로 요점이 명확하고 간단한 문장이면 좋습니다.

저는 상황에 따라 이미지와 문장을 적절히 섞어서 사용하는데, 어느 날 문득 이런 궁금증이 들었어요. '어떻게 사람들이 사용하는 문장이 동물에게도 통할까? 동물이 사람 말을 어떻게 알아듣지?'

이 질문의 답을 얻기 위해 참으로 많이 고민을 했습니다. 말로 풀어서 설명하기가 쉽지는 않지만 제가 내린 결론은 이렇습니다. 지금 '사과'라는 단어를 소리 내 말해보세요. 단어를 말함과 동시에 사과의 맛, 색, 식감, 냄새 등의 정보가 머릿속을 빠르게 지나갑니다. 또 다른 예를 들어볼까요? 우리가 친한 친구의 이름을 말할 때면 그 친구의 이름뿐만 아니라 그 친구에 대한 느낌, 이미지, 성향 등이 머릿속에서 빠르게 처리되어 하나의 느낌으로 전해집니다. 간밤에 일어난 일들을 말할 때도 마찬가지입니다. 그 많은 일들이 순식간에 스쳐 지나가 총체적인 느낌으로 정리가 되는 것을 알 수 있습니다.

동물과 말이 통하는 방식도 이와 같습니다. 질문을 입 밖으로 꺼냄과 동시에 그 생각과 느낌이 머릿속에서 에너지 차원의 언어로 처리되어 동물에게 전달되는 것이죠. 그러다 보니 말보다 생각과 느낌이 먼저 전달되어 질문이 미처 끝나기도 전에 나에게 동물의 답변이 돌아올 때도 많습니다.

　그래서 정보를 의도에 맞게 정확히 처리하려면 질문 또한 명확하고 간결해야 합니다. 동물들은 비아냥거릴 줄도, 척할 줄도, 꾸며낼 줄도 모르니까요. 사람처럼 어휘력이 풍부하지도 못합니다. 같은 말이라도 뉘앙스에 따라 의미하는 게 다른 사람들의 언어와 달리 동물의 언어는 순수하고 명확합니다. 그러니 전하는 말이나 질문은 항상 간결해야 하겠지요. 동물들은 때로는 엉뚱하게 대답하기도 하고, 상황과 관련 없는 이야기를 해맑게 늘어놓기도 합니다. 고개를 갸우뚱하게 할 때도 있고, 때로는 애교 수준의 거짓말을 하기도 하지요. 교감을 나눌 때 우리는 이 모든 것을 놓치지 말고 메모해야 합니다.

　또한 눈으로 사물을 보듯 명확하게 정보가 오는 경우도 있지만, 마치 영화의 회상 장면처럼 두루뭉술하게 답변이 오기도 합니다. 이럴 때는 반려인과 함께 적극적으로 그 답을 찾아내면 됩니다. 반려인은 자기 동물의 상황을 누구보다 잘 알고 있는 사람이니까요.

아픈 곳 느껴보기(감각 공유)

"혜별 님 덕분에 우리 아이의 귓병을 미리 알아채고 치료할 수 있었어요. 귓속은 보이지가 않아 아픈 줄 몰랐는데 교감 후에 혹시나 해서 병원에 데려가 진료를 받아보니 귓속에 염증이 가득하더라고요. 조금만 늦었어도 청각을 잃을 뻔했다는 이야기를 듣고 얼마나 놀랐는지 몰라요."

"이번에 농장에서 새로 데려온 아이가 켁켁거리길래 혜별 님이 전에 가슴 쪽에 아픔이 느껴진다는 이야기를 했던 게 생각나서 얼른 병원에 데려갔어요. 엑스선 촬영을 하니 폐렴을 앓은 흔적이 있다고 앞으로 꾸준히 치료해 줘야 한다고 하셨어요. 감사합니다."

"지난번 혜별 님이 교감하실 때 우리 아이 오른쪽 다리에 슬개골 탈구 같은 아픔이 느껴진다고 해서 좀 의아했어요. 우리 아이는 왼쪽 다리에 슬개골 탈구가 있거든요. 며칠 후에 오른쪽 다리를 들고서 있길래 병원에 데려가니 양쪽 다 슬개골 탈구가 있다고 하셨어요. 정말 신기했습니다."

"우리 아이가 평소 눈곱이 자주 끼고 컨디션이 안 좋으면 눈 쪽으로 이상이 나타날 거라 얘기하셨을 때 깜짝 놀랐어요. 정말 그렇거든요."

교감 능력이 가장 유용하게 느껴질 때가 바로 동물들의 아픈 부위를 찾을 때예요. 애니멀 커뮤니케이터는 의사가 아니기 때문에 어떤 병을 확진하거나 판단할 수 없고 또 해서도 안 됩니다. 그러나 어디가 불편한지 느껴서 진료를 받도록 도울 수는 있어요. 동물에게 아픈 곳이 있는지 직접 물어볼 수도 있고, 감각 공유를 통해 동물의 감각을 내 감각에 대입할 수도 있지요.(감각 공유 방법은 아래 참조)

저는 동물에게 아픈 곳을 물어보기보다는 감각 공유를 선호합니다. 동물들은 아픈 곳을 축소하여 말하거나 아프지 않은 척하려는 본능이 있어요. 동물들의 인내심은 때로 상상을 초월한답니다. 야생에서는 몸이 아프거나 약하면 무리에서 쉬이 도태되거나 쫓겨나기 때문이지요. 이런 이유로 물어보는 방법보다는 느껴보는 것이 더 정확할 때가 많아요.

감각 공유를 하기 전에는 반드시 자신의 현재 감정과 육체의 상태를 점검해야 합니다. 그래야 나의 통증인지 동물의 통증인지 구별

할 수 있으니까요. 내 몸으로 느껴지는 동물의 통증은 교감이 끝나면 길어야 몇 시간 내에 대부분 사라집니다.

감각 공유를 할 때는 우선 몸을 편하게 이완한 상태에서 에너지가 집중되는 곳을 느껴봅니다. 동물의 상태가 좋지 않은 곳일수록 내 의지와 상관없이 에너지가 뭉쳐 있는 것이 느껴집니다. 그러고는 직감적으로 동물의 어느 부위가 좋지 않다는 것이 읽히는데, 이때는 마치 파도가 밀려왔다 빠져나가듯이 내 몸 어느 부분이 아픈 것처럼 느껴지다가 사라집니다.

감각 공유해 보기

감각 공유는 동물의 몸에 나의 몸을 한 몸이 되게 겹친 뒤 내 몸을 통해 동물의 생각, 기분, 몸의 상태 등을 느껴보는 것입니다. 앞에서 설명한 마인드 브리지를 통한 교감이 익숙해지게 되면 감각 공유와 오감을 동시에 사용해 교감을 나눌 수 있어요. 내가 감각을 공유해 보고 싶은 동물을 하나 머릿속에 떠올린 다음에 아래 설명하는 방법대로 찬찬히 따라해 보세요.

가능하다면 우리가 주변에서 경험해 보지 못한 야생 동물이나 평소에 잘 알지 못하는 동물들로 정하여 연습하는 것이 좋습니다. 이 경우에는 굳이 피드백을 받을 필요 없이, 내 몸에서 느껴지는 것을 확인해 보는 것이 목적이기 때문입니다. 그래야 내가 전혀 알지 못했던 동물들(예컨대 독수리나 뱀, 바다표범 등)이 무엇을 먹고 사는지 어떤 습성을 가지고 있는지 알게 되고, 실제로 확인해 보면서 내 연습이 잘되었는지 알 수 있으니까요.

1. 천천히 깊게 호흡을 하며 몸을 이완시킵니다.
2. 동물에게 인사를 건넨 뒤 몸을 살펴봐도 되는지 허락을 구합니다.
3. 동물이 허락하는 반응을 보이면 동물의 몸과 내 몸이 겹쳐지는 상상을 합니다. 마치 동물의 몸을 내가 덮어 쓰는 것처럼 말이에요.
4. 이제부터 느껴지는 것은 동물의 정보라고 생각하고 머리부터 발끝까지 하나하나 느껴보기 시작합니다. 내가 의도한 순서와 상관없이 먼저 느껴지는 신체 부위의 감각도 있을 수 있으니 느껴지는 것들을 모두 기억해 두어야 합니다.
5. 아픈 곳뿐만 아니라 따분함, 외로움, 배고픔, 공허함 같은 동물의 기분이 느껴질 수도 있습니다.
6. 동물의 시각으로 주위를 둘러봅니다. 주변의 모습이 어떠한지, 주변에 친구가 있는지 살펴보세요. 코끝에 느껴지는 바람의 향기, 흙냄새, 발에 느껴지는 감촉, 하늘을 나는 느낌, 물살을 가르며 헤엄칠 때의 기분 등 내가 선택한 동물의 행동들을 상상

속에서 해보면서 그 기분을 느껴보세요.

7. 좋아하는 먹이가 있는 곳으로 다가가 보세요. 그리고 그것을 먹어보세요. 입 안 가득 느껴지는 풍미를 느껴봅니다.

8. 소화는 잘되는 느낌인가요? 혹시 두통이라든지 다른 부위에서 통증이 느껴지지는 않나요? 다리, 뱃속, 척추 등 통증이 느껴지는 부위가 있다면 빠른 쾌유가 있기를 바라는 마음을 전합니다.

9. 동물에 대해 충분히 느껴보았다면 참여해 준 동물에게 감사의 인사를 건네고, 나의 몸과 동물의 몸이 분리되는 상상을 합니다.

10. 평상시 상태로 의식을 되돌리고 천천히 호흡을 하며 눈을 뜹니다.

교감 능력의 향상을 위한 팁

1. 조용한 장소, 집중이 잘되는 시간을 찾으세요. 익숙해지면 상관없지만 처음에는 집중하기가 쉽지 않아 주위의 영향을 많이 받게 됩니다. 그래서 저는 한동안 학습용 귀마개를 착용하고 연습했답니다. 동물들이 잠을 자고 있거나 반려인이 곁에서 주의를 흐트러뜨리지 않을 때 더 잘되기는 하지만, 그러지 않는다고 해서 교감이 되지 않는 것은 아닙니다.

2. 동물과 접속이 되었는지조차 알기 어려운 초보자들은 흔히 다음 단계로 가는 것을 망설이는데, 이렇게 하면 접속이 되었어도 정보를 받기가 힘듭니다. 연습 시기에는 대화를 강하게 거부하는 느낌만 들지 않는다면, 접속이 되었지만 내가 아직 준비가 덜되어 정보를 받지 못한 것으로 인식하고 다음 단계로 넘어가세요. 그런 다음 앞에서 설명한 육체의 감각(감각 공유, 오감)을 총동원해서 자신에게 오는 정보들을 모두 받아들이면 됩니다.

   교감중인 동물의 반응은 갑자기 짖거나 온 집 안을 쿵쿵거리고 돌아다니거나 할 말이 있는 듯한 표정으로 엄마를 바라보거나 허공을 응시하는 등등 다양하게 나타납니다. 그중 가장 흔한 행동이 깊은 잠에 빠지는 것입니다. 뛰어놀던 아이들도 주파수를 맞춰 접속하면 편하게 드러눕고, 이미 잠든 아이라면 더욱 깊은 수면 상태에 빠지지요. 이는 교감을 나눌 때 교감사의 마음이 이완되고 편안한 상태이기 때문에 그런 에너지가 동물들에게도 그대로 전달이 되어 일어나는 현상입니다. 실제로 깊은 잠을 자고 있는 아이들과 더욱 깊은 교감이 이루어지는 경우가 많답니다.

3. 한 가지 질문 뒤 주어진 정보를 다 적고 나서 다음 질문을 진행해도 접속이 끊어지지는 않아요. 시간이 너무 오래 걸리면

동물이 먼저 대화를 중단하기도 하지만, 메모하는 데 걸리는 시간은 길어야 1분 이내이기 때문에 크게 상관없습니다. 대부분의 접속은 내가 끝내겠다는 의도를 가지고 나면 끊어집니다. 접속을 끝내고 싶다면 작별 인사를 나누거나 마인드 브리지를 거두는 이미지를 떠올려도 좋고, 노트에 '끝'이라고 적어도 됩니다.

4. 유기견, 유기묘, 마트에 있는 동물, 죽은 동물, 실종 동물 등 보호자의 피드백을 받기가 어려운 동물은 교감 연습을 하기에 적합하지 않습니다. 또 내가 속속들이 잘 알고 있는 동물과의 교감은 교감이 충분히 되고 있다는 확신이 설 때 시도하기를 권합니다. 이 경우 동물의 생각을 내 생각이라고 단정하거나 편견이라 여겨 스스로 차단해 버릴 수 있기 때문입니다. 반대로 자신의 동물과 가장 먼저 교감을 하게 되는 분들도 많이 있는데, 이것이 가능한 이유는 교감으로 보낸 메시지에 적극적으로 피드백을 해주는 반려 동물도 종종 있기 때문입니다.

5. 교감 정보를 받아들일 때는 사심이나 편견이 섞여 들어가는 것을 조심해야 해요. 특히 "고양이는 왠지 도도할 것 같고 새침할 것 같다" "개들은 모두 식탐이 많고, 뭐든지 잘 먹을 것 같고, 무조건 산책을 즐길 것 같다"는 식의 편견을 내려놓아야 합니다. 또한 나의 동물이나 지인의 동물들과 교감할 때는 이

들에 대해 갖고 있는 편견을 사전에 충분히 비워야 할 뿐 아니라 해석과 전달에도 주의를 기울여야 합니다.

동물과 교감할 때 가장 어려운 것 중 하나가 '내가 소설을 쓰고 있는 것이 아닌가?' 하는 생각이 드는 것입니다. 이것이 나의 상상인지 동물이 주는 메시지인지 명확하게 구별해 내기란 사실 쉽지 않습니다. 교감 정보는 때로는 내면의 울림처럼, 때로는 상상처럼 느껴지는 직관의 소리들이기 때문입니다. 내가 말하는 것이 맞는지 틀리는지 확인함으로써 능력을 계속 검증해 나가는 것만이 답이라 생각해요.

제가 처음 동물과 교감을 할 때는 양손으로 머리를 움켜쥐고 무언가를 쥐어짜듯 하면서 애를 썼습니다. 그렇게 하면 정말로 더 많은 정보가 들어오는 것 같았거든요. 한편으로는 이렇게 애쓰듯이 교감을 하는 게 과연 맞는지 한참을 고민해야 했지요. 결론을 말하자면, 머리를 쥐어짜고 정보를 스스로 만들어내듯이 하는 방법도 괜찮습니다. 이 또한 능력을 열어가는 과정이니까요. 이 과정을 거치고 경험이 쌓여 나만의 교감 채널이 발달하고 나면 굳이 애쓰지 않아도 자연스럽게 교감하게 된답니다.

얻어낸 답이 맞는지 틀리는지는 누구도 섣불리 판단해서는 안 됩니다. 스스로를 틀에 가둬둘 필요도 없습니다. 연습하는 동안에는 여러분이 받은 정보를 반려인에게 자신 있게 말하세요. 연습 기간에는 누구도 당신이 틀렸다고 비난하지 않을 테니까요. 느껴지는 것이 자신의 상상인지 실제 정보인지 구별이 안 되는 것 또한 누구나 거치는 자연스러운 과정이니 걱정하지 않아도 됩니다. 수업에 처음 참여한 분께는 소설을 써도 좋으니 느껴지는 것을 모두 적어보라고 합니다. 경험이 쌓이면 쌓일수록 그 정확도가 높아질 거예요. 머릿속에 퍼뜩 지나가는 것까지도 다 잡아내서 메모하세요.

6. "교감사는 피드백을 먹고 성장한다"는 말이 있습니다. 피드백을 통해 자신감을 축적하세요. 내가 받은 정보가 소설이 아니라 동물에게서 온 메시지가 맞다는 자신감은 반복되는 피드백을 통해 쌓입니다. 대부분의 교감은 그저 일상의 대화처럼 담담하게, 때로는 내 생각인 양 자연스럽게 찾아옵니다. 그렇기 때문에 교감과 내 생각을 명확하게 구별하려면 계속해서 연습하고 피드백을 받아 정확도를 쌓아가는 훈련이 필수적입니다. 피드백 없이 혼자서만 계속해서 연습한다면 발전이 없습니다.

7. 동물의 건강이 좋지 않다는 느낌이 온다면 병원에 가서 진단을 받도록 권해야지 병명을 함부로 언급해선 안 됩니다. 동물과의 교감은 에너지 차원의 소통이기 때문에 100퍼센트 정확할 수는 없습니다. 같은 사물을 놓고도 바라보는 사람에 따라

해석이 달라질 수도 있고요. 따라서 병명을 단정 지어 말하는 것은 자제하는 것이 좋습니다. 교감사의 말 한 마디에 반려인은 상상 이상으로 고민하고 고통스러워할 수 있다는 것을 항상 기억하세요.

8. 입문 단계에서는 지나치게 심각하거나 구구절절한 장문의 질문보다는 가볍고 포괄적인 질문을 하는 것이 좋습니다. 다음은 입문자들이 던지기에 적당한 질문의 예입니다.

- "지금 기분이 어때?"
- "네 주변을 보여줄래?"
- "좋아하는 것이 뭐야?"(좋아하는 음식, 사람, 기분, 장소 등등 포괄적으로 보여줄 수 있습니다.)
- "싫어하는 것이 무엇인지 말해줄래?"
- "엄마에게 하고 싶은 말이 있으면 해줘."
- "하고 싶은 얘기가 있으면 뭐라도 좋으니 편하게 해."
- "사랑해."(이렇게 말한 뒤 반응을 살펴봅니다.)

낮말도 밤말도 모두 듣고 있어요

'우리 집 아이는 내가 하는 이야기를 듣고 있을까? 내가 사랑한다고 매일 말해주는데 듣고 있을까?' 궁금해 하는 분들이 많습니다.

네, 다 듣고 있어요! 동물들은 우리의 일상적인 대화는 물론 전화로 자기 흉을 보거나 장난삼아 놀리는 것까지 모두 듣고 있답니다. 이야기중에 자기 이름이 나오면 귀를 팔랑거린다거나 가까이 다가오는 등 반응을 보이기도 하지요. 물론 무심코 흘려듣거나 신경 쓰지 않을 때도 많지만요. 이사나 다른 큰일을 앞두고 "엄마 아빠가 얘기하는 걸 들어서 알아요" "마음의 준비가 되어 있으니 걱정 마세요"라고 대답하는 동물들도 있었어요.

슬이라는 노란색 태비고양이가 있었습니다. 슬이의 엄마는 남자친구와 동거중이었는데 이상하게도 슬이는 유독 엄마의 남자친구에게 거리를 두었습니다. 동물들은 특정한 사람을 별다른 이유 없이 좋아하거나 미워하기도 합니다. 그저 자신의 에너지나 성향에 맞느냐 안 맞느냐가 기준이 될 뿐이죠. 슬이에게 왜 아빠(엄마의 남자친구)와 가깝게 지내지 않느냐고 물으니 "둘이 헤어지게 될 건데 뭐"라고 아무렇지 않게 대답하는 통에 당황한 적이 있었어요.

실제로 슬이 엄마는 그 시기에 남자친구와 자주 다투었다고 합니다. 몇 년 전 일이라 두 사람이 헤어졌는지는 정확히 모르지만, 이렇게 반려 동물은 가족들이 나누는 이야기나 주고받는 언어에서 느껴지는 파동으로도 상황을 파악한다는 것을 알아야 해요.

동물들은 시야가 사방으로 확 트인 자리를 좋아합니다. 개들은 현관, 부엌, 화장실, 베란다까지 모두 관찰할 수 있는 소파 위를 좋아하고, 고양이들은 냉장고 위, 캣타워, 가구 위 등 집 안이 내려다보이는 공간에 있을 때 안심합니다. 정말 깜찍하게도 동물들은 집에서 일어나는 모든 일에 관심을 갖고 있으며, 자기도 그것에 영향을 미치는 존재라는 걸 끊임없이 확인하고 싶어 하지요. 자고 있을 때조차도 한쪽 귀는 쫑긋 열어둔다니까요. 그러니 동물들이 사람의 말을 알아듣지 못한다고 생각하여 마음대로 행동하거나 말해서는 안 됩니다. 우리 반려 동물들은 우리의 넋두리까지도 들어줄 준비를 늘 하고 있으니까요.

새로운 동물 가족 맞이하기

동물들은 곁에 있기만 해도 위로가 되는 존재입니다. 그 모습이 너무나 사랑스러워 한 마리 더 키워볼까 고민해 본 적이 다들 있을 거예요. 그러나 새 가족을 들이는 건 동물의 입장에서는 썩 달가운 일이 아니랍니다. 외동 성향이 강한 아이는 가족에게 배신감을 느껴 큰 상실감에 빠지기도 하고, 사교성이 비교적 좋은 아이일지라도 밑으로 동생들이 줄줄이 늘어나다 보면 우울증에 빠지거나 여기저기 대소변을 싸놓는 등 이상 행동을 하기도 합니다. 이런 과정을 겪은 뒤 서로 적응하면 다행이지만, 때로는 혈투로 이어질 만큼 심각한 상황을 초래하기도 해요. 그러니 동물 가족을 늘릴 때는 매우 신중히 고려해야 합니다.

가장 먼저, 현재 반려하는 아이의 성향부터 파악해야 하는데, 이는 교감을 통해 꽤 정확하게 알아낼 수 있습니다. 내 동물의 성향이 파악되었다면 새 동물 가족을 들여와도 되는지 의사를 물어봅니다. 이때 "절대 싫어! 안 돼!"라고 격하게 반대하지 않는 이상은 적응 가능성이 있다고 봐도 좋아요. 동생을 데려와도 좋다고 대답한다면 구체적으로 어떤 동생이 좋은지 물어볼 수도 있어요. 때로 성별은 물론 원하는 색깔이나 종까지 말해주는 동물도 있답니다.

혼자만 사랑받고 싶다고 강하게 어필한다면 되도록 다른 가족을 집에 들이지 않는 것이 좋지만, 드물게 가족을 들인 뒤에 생각이 바뀌는 아이들도 있습니다. 우연히 마음이 맞는 친구와 함께 지내게 되었는데 혼자 있는 것보다 재미있다는 걸 아이가 알게 되기도 합니다. 그래서 입양이 필요한 유기 동물을 임시로 보호하는 것도 좋은 방법입니다. "고양이는 또 다른 고양이를 불러들인다"는 말이 있습니다. 10묘 10색(열 마리 고양이가 열 가지 성격을 가지고 있다. 즉 같은 성격의 고양이는 없다는 말)의 매력이 있다 보니 계속해서 다른 고양이를 데려오고 싶은 충동을 느낀다는 이야기입니다. 저 역시 그런 매력에 끌려 일곱 마리 고양이와 함께하고 있지요.

하지만 좁은 공간에 너무 많은 아이들을 들이는 것은 자제해야 합니다. 고양이들은 '내 공간, 내 영역'에 대한 애착이 매우 크기 때문에 그럴 경우 문제가 생길 가능성이 높습니다. 적정한 개체수의 기준은 정해져 있지 않지만, 각자의 안식처가 될 만한 공간은 주어지는 게 좋아요.

오래 전에 고양이를 열세 마리까지 키운 적이 있습니다. 한 마리에서 열세 마리가 되기까지는 1년이 채 걸리지 않았지요. 첫째아이가 굉장히 무던한 성격이었기에 무지한 저는 양해도 구하지 않고 계속 동생들을 데려왔습니다. 그런 무던한 아이도 열 번째 동생이 생기자 급기야는 스트레스성 위염에 걸리더군요. 돌아보니 치고받고 싸우는 일 없이 잘 지내준 것이 고마우면서도 한편으론 미안한 마음이 듭니다.

서로 대면을 하면 맹수처럼 돌변해 물고 뜯는 아이들을 상담한 적이 있습니다. 원래 있던 아이가 새로 온 아이를 온몸으로 거부하였고, 새 아이는 자기 방어를 위해서 물러서지 않아 서로 피 터지게 싸우는 상황이었지요. 안타깝게도 이런 경우는 교감으로 해결할 수가 없습니다. 싫어하는 아이와 가족이 되라고 억지로 강요하는 꼴이니까요. 새로운 아이를 데려왔을 때 하악질을 하거나 솜방망이를 몇 대 날리는 등의 경계 행동을 보이는 것은 자연스러운 과정이지만, 피 터지게 물고 뜯는다면 서로 적응을 한다 해도 한계가 있습니다. 이런 경우는 서로의 행복을 위해 더 좋은 가족을 찾아주는 것이 좋다고 생각해요.

경계 시기를 지나고 나면 어느 정도 현실을 받아들이게 되고 서로 간에 룰을 만들어가는데, 그 기간은 대략 2주~3개월 정도 됩니다. 이 시기에 중요한 것은 반려인의 태도입니다. 반려인이 원래 있던 아이를 먼저 보듬고 챙겨줘야 나중에 온 아이가 자연스럽게 자신의 위치를 받아들이고 적응할 수 있습니다. 그러고 나서 두 아이의 눈을 번갈아 바라보고 계속해서 진심을 전달합니다. 예를 들어 첫째아이에게는 "엄마에게는 네가 항상 최고야"라고 하고, 둘째아이에게는 "여기가 네가 지낼 곳이야. 너를 항상 ○○와 똑같이 사랑할 거야. 우리 잘해보자"라고 말해주는 것입니다. 첫째아이의 체면을 살려주되 다른 아이가 차별로 느끼지 않도록 해야 혼란을 최소화할 수 있습니다.

새로운 가족 만들어줄 때의 요령

1. 내 반려 동물의 성향을 파악한다.
2. 동물의 의사를 교감으로 나눠본다.
3. 내 반려 동물보다 어린 아이를 데려온다.
4. 어울리는 성향의 아이를 데려온다.
5. 서로를 받아들일 충분한 소개와 격리 시간을 갖는다.
6. 계획되지 않은 갑작스러운 입양을 할 때에도 최대한 미리 알려준다.

응급 교감

반려 동물과의 교감이 가장 간절한 순간은 아무래도 아이가 아플 때가 아닐까요? 수업에 참여하는 많은 분들이 아파하는 아이에게 무얼 해줄 수 있을지 고민하다가 수업을 듣게 되었다고 말합니다. 저 역시 교감을 통해 응급 상황을 넘긴 경험이 있어 그 마음을 잘 알지요.

어느 날 자정이 될 무렵 멀쩡히 잘 놀고 잘 먹던 고양이 알루가 갑자기 구토를 하기 시작했습니다. 고양이들은 사료를 급하게 먹었을 때 잔구토를 하기도 하는데, 이 경우 한두 번 토하고 나면 구토가 멈춥니다. 만약 위액을 토할 정도로 자주 한다면 무언가 문제가 생겼다고 보면 됩니다. 알루는 거의 10분 간격으로 노란 위액을 토하며 괴로워했어요.

얼른 24시간 동물 병원으로 달려가 혈액 검사를 하니 간수치가 정상보다 세 배 정도 높게 나왔어요. 간수치가 갑자기 왜 이렇게 올랐는지 도무지 이유를 알 수 없어 우선은 입원시키고 예후를 지켜보기로 했지요. 그리고 그날은 알루가 쉴 수 있도록 아무 말도 걸지 않았습니다. 다음날 간수치가 많이 안정되었다는 이야기를 듣고 혹시나 단서가 될 만한 것이 있을까 싶어 저는 알루와 교감을 해보았습니다.

알루는 화장대 바닥에 떨어진 제 화장품을 핥아먹는 모습을 보여줬습니다. 아차 싶었어요. 알루에게 알려줘서 고맙다고 말한 뒤 병원 원장님께 이 얘기를 전달했습니다. 아로마 오일로 만든 화장품이라 알루에게 충분히 해를 가할 수 있었는데 '설마 화장품 하나가?' 하면서 한두 방울 흘려놓은 화장품을 닦지 않은 거죠. 고양이들은 간의 해독 능력이 떨어져 아로마 제품을 주의해야 합니다. 다행히 소량을 먹었기에 알루는 금방 회복할 수 있었고, 그 뒤 저는 화장품 관리를 더욱 철저히 하게 되었답니다.

또 이런 일도 있었습니다. 어느 날 지인에게서 다급한 전화가 걸려왔어요. 보호자는 막 출산한 고양이를 다른 고양이들과 격리해서 엄마 고양이와 함께 작은방에 넣어주었는데, 엄마 고양이가 안절부절못하고 계속 문 앞을 서성이면서 울기만 한다는 것이었습니다. 갓 태어난 아기들을 돌보지 않고 울기만 하니 보호자는 안타까워 발을 동동 구르고 있었어요. 저는 가만히 집중하여 출산한 고양이의 마음을 느껴보았습니다. 고양이는 첫 출산이 당황스럽다며 자신을 도와줄 다른 고양이가 필요하다고 했습니다. 제가 물었습니다.

"어떤 고양이가 필요하니?"

"애들 아빠!"

대답과 함께 크림색의 덩치가 있는 고양이 이미지도 함께 전달되었어요. 저는 아빠 고양이를 방에 들여보내 보라고 보호자에게 전달했습니다. 아빠 고양이를 들여보내자 엄마 고양이는 자연스럽게 아기들에게 젖을 먹이기 시작했고, 아빠 고양이는 가만히 엄마 곁을 지켜주었습니다! 그 모습이 얼마나 감동적이었던지 지금도 무척이나 따뜻한 기억으로 남아 있습니다.

반대로 응급 상황에서 아이들로부터 도움을 받기도 합니다. 얼마 전의 일이었어요. 아침에 일어나 식사를 하기 위해 가스레인지에 찌개 냄비를 올려놓고 불을 켠 뒤 작은방에 있는 고양이들의 화장실을 치워주고 있었습니다. 한참 정신없이 청소를 하고 있는데 거실 쪽에서 치토의 울음소리가 들려왔어요. 평소에도 아침에 간식을 달라고 보채느라 잘 우는 아이라 그런 줄만 알고 할 일을 마치려는 찰나 치토가 다시 날카롭게 울었습니다. 그때 제 머릿속에서는 그 울음소리가 "엄마! 빨리!!"라는 소리로 들려왔습니다.

순간 심장이 벌렁거리는 것을 느끼며 저는 거실로 뛰어나갔고, 부엌 쪽에서 연기가 피어오르고 있었어요! 가스레인지의 불이 싱크대 옆에 둔 종이봉지에 옮겨 붙어 활활 타오르고 있었습니다. 정말 위급한 상황이었어요. 바가지에 물을 받아 들이붓자 불이 꺼졌습니다. 불을 끄고 나자 나는 다리에 힘이 풀리며 바닥에 주저앉고 말았습니다. 그때 제 곁에는 걱정스레 쳐다보는 치토가 있었어요. 만약 치토가 알려주지 않았다면, 또 제가 치토의 다급한 소리를 알아들을 수 없었다면 어땠을지 생각만 해도 아찔합니다.

치토는 우리 집에서 '방범 대장' 역할을 맡고 있는 아이예요. 치토의 일과 중 하나는 집 안 곳곳을 빙글빙글 돌며 탐색을 하고, 더러운 곳이 있으면 파묻는 시늉을 해서 저에게 알려준답니다. 그리고 이렇게 위험한 일이 생기거나 다른 아이들끼리 싸우거나 하면 알려주거나 중재를 하기도 하는 멋진 친구예요.

4.
너의 모습 그대로 사랑해

애니멀 커뮤니케이션과 행동 교정

동물과 사람은 살아가는 방식이 많이 다릅니다. 그런데 의사소통은 되지 않으니 종종 크고 작은 문제들에 부딪칠 수밖에 없지요. 그런 문제를 해결하는 데 동물 교감은 매우 좋은 수단입니다. 하지만 기억해야 할 것이 있습니다. 행동 교정을 위한 교감은 일방적으로 동물의 행동을 바꾸는 도구가 아니라, 문제점을 파악하고 동물의 생각을 이해함으로써 사람이 해줄 수 있는 것이 무엇인지 고민하게 하는 것이라는 점입니다.

하지만 안타깝게도 행동 교정 상담을 의뢰해 오는 반려인의 상당수가 동물의 의사는 개의치 않고 자신들이 원하는 쪽으로 일방적인 통보와 강요를 하는 경우가 많습니다. 물론 "그건 하지 않았으면 좋겠어" "그렇게 하면 엄마가 너무 힘들 것 같은데?" "계속해서 그러면 네 건강이 나빠질 거야" 등등의 의사를 전달해 주는 것만으로도 행동이 교정되기도 합니다. 하지만 이런 부탁에서 한 걸음 더 나아가 주변 환경을 개선하고 문제 행동의 근본 원인을 제거해 주는 것이 장기적으로는 더욱 효과적이라는 점을 기억했으면 좋겠습니다.

　일반적으로 행동 교정 훈련을 통해 문제 행동을 개선하는 과정에서는 동물들의 의사는 반영되지 않고 반강제적인 반복 훈련으로 반려인이 원하는 행동을 각인시키는 경우가 많은 데 반해 애니멀 커뮤니케이션에서는 동물의 심리 상태를 읽고 원인을 파악한 후 동물의 의사를 반영한 해결책을 제공한다는 점에서 행동 교정 훈련과 차이가 납니다. 예를 들어 심적인 위로가 필요한 상황이라면 훈련이 아닌 교감만으로도 문제 행동이 개선되는 경우가 많습니다. 행동 교정 훈련이 필요하다면 아이의 특성에 맞는 적절한 방법을 추천해 주어야겠지요.

　물론 요즘은 많은 훈련 전문가들이 '긍정 교육'이라고 하여 강압적이지 않고 혼내지도 않는 훈련 방법들을 다양하게 소개하고 있습니다. 긍정 교육은 동물 스스로가 생각하고 결정할 수 있도록 환경을 제공하는데, 이 방법은 정말 좋은 방법이라고 생각해요. 물론 이렇게 긍정 교육을 진행할 때도 반려 동물의 심리 상태를 파악하는 것은 가장 기본이 되는 일이긴 합니다. 그래서 훈련 전문가를 꿈꾸는 분들도 교감 수업에 많이 오시죠.

　하지만 모든 문제 행동의 개선에 있어 가장 중요한 점은 반려인이 함께 변화해야 한다는 것입니다. 문제 행동 상담을 할 때 제가 늘 하는 말은 "동물들의 행동은 도자기와도 같아 반려인이 빚는 대로 빚어진다"는 것입니다. 그만큼 반려인의 역할이 중요하다는 뜻이에요. 반려인은 아무 노력도 하지 않고 문제 행동을 할 수밖에 없는 환경도 그대로 둔 채 일방적으로 동물에게만 행동을 고치라고 하는 것은 공평하지가 않습니다.

예컨대 먼지가 나니까 모래로 변을 파묻지 말아달라거나 식탁이나 싱크대에 올라가지 말라는 것은 고양이의 습성과 본능을 무시하는 요구입니다. 설사 그런 행동이 바뀐다 해도 일시적일 가능성이 큽니다. 개들이 낯선 사람이 집에 왔을 때 짖는 것도 가족을 보호하고 자신의 의무를 다하려는 본능적인 행동이므로 강제로 막을 수는 없습니다. 이런 경우 조용해지도록 교정할 수는 있겠지만요.

교감을 통한 행동 교정은 먼저 교감으로 원인을 파악하고 가족의 의사를 전달하는 식으로 진행합니다. 그런 다음 개선 의지가 있는지 지켜보고, 그렇지 못하다면 여러 가지 상황을 고려하여 적절한 개선과 훈련 방법을 동원합니다.

아름이는 올해 열다섯 살 된 할머니 고양이입니다. 어느 날 아름이 엄마가 이렇게 다급하게 연락을 해왔어요.

"안녕하세요? 저는 여섯 마리 냥이와 함께 살고 있습니다. 첫째딸 아름이(15살, 코리안 숏헤어) 때문에 상담하고 싶습니다. 오줌은 모래에

누는데, 똥은 제가 있을 때는 모래에 싸지만 직장 가느라 집을 비우면 꼭 거실과 주방에 쌉니다. 작은방 문이 열려 있으면 거기다가도 쌉니다. 저는 몇 주 전 병원에서 갑상선 항진증 진단을 받았고 이 때문에 응급실도 두 번이나 갔습니다. 이 병은 이유 없이 짜증이 늘고 몸이 힘든 게 특징이라고 하더군요. 몇 달째 이러다 보니 스트레스가 쌓여 한번은 아름이를 죽일 듯이 혼냈습니다.

더 힘든 것은 누구인지는 모르나 아름이를 따라 똥을 싸는 고양이가 생겼다는 것입니다. 며칠 전부터 아름이가 눈 거라고 보기에는 너무 많은 양의 똥이 발견되었습니다. 오늘은 퇴근하고 보니 다섯 군데에 똥이 있었고, 아름이는 녹색의 무른 똥을 싸는데 까만 된똥이 욕실과 싱크대 앞에 있었습니다. 지난번처럼 혼내진 않았지만 심하게 겁을 주자 아름이는 오줌을 지리고 도망갔습니다. 오줌 냄새, 똥 냄새로 가득한 집 안이 너무 싫어 화가 나고 자다가도 깨어나기를 여러 번…… 제발 나 좀 그만 괴롭히라고 아이들에게 모진 말을 막 쏟아냈습니다. 화가 치밀어 오른 나머지 해서는 안 되는 생각까지 했습니다. 저 스스로가 제어되지 않는 날이 올까봐 두렵습니다. 이런 아름이와 저를 도와주세요."

메일을 읽는 내내 마음이 몹시 아팠습니다. 반려 동물과 보호자는 아주 *끈끈한* 관계로 이어져 있기 때문에 반려인의 건강에 문제가 생기면 멀쩡하던 동물들도 영향을 받기 쉽습니다. 아름이 엄마는 퇴근길 현관 앞에 서면 오늘은 또 얼마나 집이 더러워졌을까 심장이 벌렁거린다고 했습니다. 도움이 절실한 상황이었죠.

상담을 시작했을 때 아름이는 뒷방 노인네 같은 모습으로 하루하루 그냥 그렇게 시간을 보내고 있는 것처럼 느껴졌습니다. 아름이 말로는 엄마가 전 같지 않고 감정 기복이 심하며 자꾸 오락가락한다고 했습니다. 예뻐해 주다가도 배변 실수를 하면 태도가 무섭게 돌변한다거나, 건강이 좋지 않아 기력이 달리니까 작은 일에도 짜증을 내는 엄마의 모습이 아름이를 통해 보였습니다. 또 아름이는 아래로 줄줄이 들어온 동생들 사이에서 왕따를 자처하고 있었습니다. 맏이 자리를 위협하는 다섯 번째 고양이로 인한 스트레스도 큰 상태였지요. 아름이는 셋째가 들어왔을 때까지가 가장 행복했다고 말하면서 엄마의 관심과 사랑을 독차지한 것이 언제였는지 기억도 나지 않는다고 했어요. 하지만 그렇게 혼이 났음에도 여전히 엄마를 믿고 걱정하고 있었습니다.

아름이 엄마는 저를 통해 아름이에게 몇 가지 제안을 했습니다.

"아름아, 엄마랑 단둘이 잘까? 자고 싶은데 다른 아이들 때문에 곁에 못 오지?"

아름이는 너무나 좋아하면서 그러고 싶다고 했어요. 엄마에게 자신이 꼭 필요한 존재라는 것, 그리고 엄마가 여전히 자기를 사랑한다는 사실을 확인하고 싶었던 것이지요.

말 못하는 동물에게 배변 테러(잘 몰라서 여기저기 싸는 것이 아니라, 알면서도 일부러 보여주기 위해 똥을 싸는 행동)는 가장 강력한 의사 표현 수단입니다. 아파서 조절하지 못하는 상황이 아닌 이상 대부분의 배변 테러는 불만 표출의 한 방법이지요. 이때는 교감이 큰 역할을 할 수 있습니다.

10년 넘게 배변을 잘해왔는데 엄마가 아픈 시기와 맞물려 달라졌다는 것은 엄마의 에너지 변화에 따라 아름이의 불안한 감정이 증폭되었다는 걸 뜻합니다.

"아름이를 여전히 가장 사랑하고 있다는 것을 느끼게 해주고 따로 많이 챙겨주세요. 정서적 치료와 물리적인 교정 방법을 함께 쓰면 효과가 더 좋으니 이불을 모두 치워놓고 안방 문을 닫아두고 출근해 보세요."

며칠 후 아름이 엄마에게 희망의 메시지가 왔습니다.

"우리 아이들이 매우 좋아졌어요. 퇴근 후 조마조마한 마음으로 현관문을 연 지 벌써 두 달째인데, 혜별 님과 상담 후 3일 만에 똥 테러를 멈추었답니다. 상담한 날 밤에는 아름이를 많이 안아주고 미안하다고, 사랑한다고 계속 이야기해 줬어요. 약속한 대로 아름이가 가장 좋아하는 곳인 엄마 옆구리에 붙어 자게 하려고 작은방에 누워 아름이를 불렀는데, 별님이, 오공이, 코봉이가 먼저 달려왔지요. 아름이가 이 모습을 문 앞에서 힐끗 보더니 그냥 가버리더군요.

달라붙어 있는 애들을 내칠 수가 없어서 그대로 잠을 청한 뒤 아침에 일어나 보니 미처 치우지 못한 거실의 이불에 설사를 해놨더라고요. 그래도 화내지 않고 이해한다고, 사랑한다고, 엄마가 힘이 드니까 하지 않았으면 좋겠다고 차분히 알려주었습니다.

다음날 밤에는 아름이를 안고서 작은방에 들어가 문을 잠그고 잤어요. 엄마랑 단둘이 옆에 있으니 얼마나 좋아하던지요. 이런 걸 원한 거였다고 생각하니 눈물이 났습니다. 새벽에 일어나 안절부절 못하길래 문을 열어주니 바로 베란다 화장실로 가서 똥을 싸는 기특한 모습도 보여줬습니다. 월요일에 퇴근해서 돌아와 떨리는 마음으로 문을 여니, 제가 보는 앞에서 화장실로 가 똥을 쌌습니다. 코봉이랑 별님이가 이불 깔고 자는 걸 좋아해서 이불을 그냥 두고 출근했는데 아무 문제가 없었어요. 아름이에게 사랑한다고 매일 말하고, 위장관 튼튼해지라고 배도 만져주고, 정성껏 쓰다듬어 주고 있어요. 정말 감사합니다."

그 뒤 문제 행동이 완전히 고쳐지지는 않았지만 아름이가 엄마 마음을 느끼면서 문제 행동을 하는 빈도가 점차 줄어가고 있습니다. 무엇보다도 아름이 엄마가 아이들 생각을 잘 알게 된 것이 가장 큰 소득이었지요. 만약 아름이의 마음을 알려고 하지 않고 일방적인 부탁만 했다면 아름이의 행동은 변화하지 않았을 것입니다.

동물들의 주요 문제 행동

배변 테러

제가 먹을 것을 챙겨주던 길고양이 중에 호두라는 아이가 있었습니다. 사람을 곧잘 따르는 아이인데 어미와 일찍 떨어져 외로워하길래 무턱대고 구조를 하였지요. 그런데 어찌된 일인지 막상 집에 데려다두니 낮 동안은 구석에서 웅크리고만 있고, 사람이 잠드는 밤이 되어야 비로소 조금씩 움직였어요. 어느 정도 적응 기간이 필요하다고 생각해 몇 개월을 지켜보며 정성을 다했지만, 안타깝게도 호두는 저뿐 아니라 집에 있는 다른 고양이들과도 어울리지 못한 채 철저히 고립되었습니다.

어느 날 호두는 자신의 존재감을 표출하려 이불에 오줌을 싸기 시작했습니다. 오줌 테러는 이불 빨래가 마를 새도 없이 계속됐고, 급기야 덮을 이불이 없어 한겨울에 점퍼를 덮고 자는 상황에까지 이르렀지요. 당시 동물 교감을 연습하던 저는 이 문제를 꼭 교감을 통해 해결하고 싶었습니다. 그때 사용한 방법이 '매일 같은 말 들려주기'입니다. 저는 간절한 마음으로 호두 눈을 바라보며 "호두야, 나는 너를 사랑해. 밖은 너무 위험해. 여기서 함께 살자"라고 한 뒤, 호두가 이불을 발로 긁은 다음 오줌을 싸려고 자세를 취하는 장면, 호두를 혼내는 장면을 이미지로 만들어 전달했습니다. 그러곤 이불 위에서 쿵쿵 냄새를 맡다가 그 위에 가만히 누워 잠을 청하는 호두를 따뜻한 손으로 쓰다듬어 주는 영상을 반복해서 전달했어요.

그때는 그저 가능한 만큼 해보는 수밖에 없었습니다. 저는 그렇게 매일매일 간절한 마음을 전달했지요. 일주일 뒤 신기하게도 호두는 이불에 오줌 싸는 행동을 멈췄어요. 그러면서 점점 집에서 지내는 것에 익숙해져 갔고, 다른 아이들과도 잘 어울리기 시작했어요. 표정도 밝아졌고요.

같은 문제로 고민하는 반려인들에게 이 이야기를 들려주면 "혜별 님이 동물과 소통할 수 있으니 그렇죠!"라고 말합니다. 하지만 이 문제를 해결했을 때 저는 여러분과 마찬가지로 소통을 간절히 바라는 입문자였을 뿐이에요. 애니멀 커뮤니케이션을 하기 전까지 저는 고양이는 개와 달리 가르치지 않아도 배변을 알아서 잘하고 화장실이 아닌 곳에서는 절대로 실수를 하지 않는다고 생각했습니다. 그런데 알고 보니 고양이의 문제 행동 상담 중에 가장 큰 비율을 차지하는 것이 바로 '오줌 테러'였어요. 장소를 가리지 않고 여기저기 볼일을 보는 것이 얼마나 괴로운 일인지는 겪어보지 않은 사람은 모릅니다.

동물들이 배변 테러를 하는 이유는 몸이 정말 아파서 배변을 조절할 수 없는 경우나 배변 학습이 제대로 되지 않은 경우가 아니라면, 새로운 가족이 들어왔거나, 엄마가 집을 오래 비운다거나, 나를 사랑하지 않는다고 느낀다거나, 산책을 자주 시켜주지 않아 화가 났거나, 함께 사는 동물 친구들 사이에 따돌림을 당해서인 경우가 대부분입니다. 이런 이유들은 크게는 '자존감'과 깊은 연관이 있습니다. 사랑받고 있다는 것을 충분히 느끼고 자신의 존재감을 확실히 믿는 아이들은 배변 테러를 통해 의사를 표현하지 않습니다.

동물이 갑자기 배변 테러를 할 때는 교감을 통해 원인을 파악하고 문제점을 제거해 주는 것이 좋습니다. 가령 새로운 동물을 데려온 것이 화가 나 오줌을 쌌다고 한다면, "네가 언제나 집에서는 맏이고 엄마에게 중요한 존재란다"라고 교감으로 인식시켜 주고, 반려인이 관여해 서열을 잡아주는 것으로 큰 효과를 볼 수 있습니다.

또 외출 후 돌아왔을 때 가장 먼저 이름을 불러주고, 먹을 것을 줄 때도 먼저 주고, 다른 아이들 없이 엄마랑 단둘이 있는 시간을 한 번씩 가져볼 것을 권합니다. 문제 행동이 줄어들 때까지 이불을 치워두거나(보통 이불이 펼쳐져 있거나 물건이 지저분하게 쌓여 있는 곳에 오줌을 싸기 때문에) 방문을 닫아놓는 것도 좋은 방법입니다. 한번 오줌을 싼

곳은 아무리 닦아도 냄새가 남아 습관적으로 그곳을 노리게 되므로, 실수한 곳에 화분이나 가구를 올려놓아 접근 자체를 완벽히 차단하는 것도 좋습니다.

외출 후 돌아와서 이미 오줌을 싸놓은 것을 보더라도 화를 내지 마세요. 이미 싸놓은 것에 화를 내봤자 아무 소용도 없고요. 차라리 말 없이 치우면서 무관심한 태도를 보이면, 오줌 테러를 해도 엄마에게 아무런 메시지도 전달할 수 없다는 것을 깨닫게 됩니다.

짖기

아무런 이유 없이 짖거나 우는 동물은 거의 없습니다. 교감 의뢰를 해오는 반려인들의 이야기를 들어보면 대부분은 동물들이 왜 우는지 이미 눈치를 채고 있었습니다. 다만 확신을 못할 뿐이지요.

동물들은 본능적으로 발달한 투감각을 통해 의사소통할 수 있지만 사람들에게는 그 방식이 통하지 않는다는 것을 알고 있어요. 사람들에게는 큰소리로 짖거나 울어야 반응이 오기 때문에 더욱 목청을 높여 자기 표현을 하게 되지요. 물론 낯선 사람이 방문했거나 자기 방어가 필요할 때 짖는 것은 본능이므로, 자기 의사를 표현하기 위해 일부러 짖는 것이라 하기는 어렵습니다. 다 자란 고양이들은 발정이 와서 이성을 부를 때가 아니면 평상시 거의 울지 않습니다.

우리 고양이가 발정이 온 것이 아닌데도 자꾸만 허공을 바라보고 울거나 따라다니면서 운다면 무슨 얘기를 하는 건지 귀 기울여 들어주세요. 동물들은 크게 짖지 않아도 가족들과 의사소통이 된다는 신뢰감이 생기면 본능적으로 꼭 짖어야 할 때가 아닌 이상은 큰 소리로 짖지 않습니다. 반대로 작은 상황에도 습관적으로 짖는 경우가 있는데 이를 헛짖음이라고 합니다.

코커스패니얼 쫑아의 엄마는 한시도 쉬지 않는 쫑아의 헛짖음 때문에 아무 일도 할 수 없었다고 해요. 쫑아는 아빠가 출근을 하고 나면 엄마랑 단둘이서 하루 종일 시간을 보냈습니다. 그런데 아빠가 집에 있을 때는 안정적인 모습을 보이다가도 아빠가 집을 비우기만 하면 불안한 듯 엄마를 향해, 대문을 향해 온 집 안을 헤매며 짖어댔어요.

교감 연결을 해보니 쫑아는 스스로를 약하다고 생각하고 있었습니다. 아빠를 온전한 리더로 생각하고 따르다 보니 아빠가 없을 땐 불안했던 것이죠. "나는 아빠를 대신해서 집을 지킬 만큼 강하지 못해요. 그래서 불안하고 힘들어요. 난 너무 걱정되는데 엄마는 침대에 누워서 자기 할 일만 하고 나한테는 관심도 없어요"라고 심각하게 말하는 이 작은 친구의 큰 걱정이 얼마나 귀여웠는지 몰라요.

엄마에게 쫑아의 생각을 전달하면서, 아빠가 집에 없을 때 쫑아에게 재미있는 일들을 많이 만들어주기를 권했습니다. 이와 동시에 짖는 습관을 줄이도록 간식 훈련(먹는 것을 좋아하는 동물들의 성향에 맞춰 짖지 않았을 때 간식으로 보상을 해줌으로써 '짖지 않으니 좋은 일이 생기네?'라는 기억을 만들어주는 훈련입니다. 짖고 있을 때는 모른 척 외면하다가 짖지 않을 때 3초 안에 바로 보상을 해주어야 합니다)을 병행하도록 권했지요. 그 후 좋아는 아빠가 없는 시간에도 짖지 않고 엄마와 재미있는 놀이를 하는 등 안정을 되찾았습니다.

동물들이 울거나 짖을 때는 "시끄러워" "조용히 해" "제발 울지 마"라고 아무리 말해도 소용이 없습니다. 때로는 그런 반응이 관심인 줄 알고 더욱 크게 짖기도 하지요. 이럴 때는 반려 동물이 왜 우는지 교감을 통해 원인을 파악하고 그 원인을 없애는 것이 가장 좋으며, 필요한 경우 훈련을 병행할 수 있습니다.

입질

동물들은 생후 1개월부터 6개월 사이 입에 잡히는 물건은 물론 사람의 손, 발까지 가리지 않고 물어뜯기 시작합니다. 이갈이를 할 때이자 사냥 본능을 배워가는 시기이기 때문입니다. 이 시기에는 이런 본능이 충분히 충족되도록 다양한 장난감을 제공해 주는 것이 좋고, 손이나 발 등 신체로 놀아주는 일은 삼가야 합니다. 귀엽다고 손으로 자꾸 놀아주다 보면 손을 장난감으로 인식하여 다 자란 후에도 습관적으로 물게 되거든요. 어렸을 때는 작은 이빨로 물기 때문에 참을 만하지만, 다 자란 개나 고양이가 물면 큰 상처로 이어질 수 있습니다.

　따라서 물어도 되는 것과 그렇지 않은 것을 아기 때부터 확실히 가르쳐야 하며, 사람을 아프게 할 때는 싫다는 표현을 명확히 함으로써 잘못된 행동임을 인지시켜야 해요. 어린 시절에는 눈치가 없어 혼내도 못 알아듣기 때문에 인내심을 가지고 계속해서 가르쳐야 합니다. 강아지들이 잘못된 행동을 했을 때는 화를 내기보다는 무시하는 것이 좋고, 고양이들은 계속 싫은 티를 내주는 것이 효과적입니다. 개들은 흔히 반려인을 신뢰하지 않거나 서열에 문제가 있을 때 입질로 의사 표현을 합니다.

　저는 '서열 정리'라는 말을 별로 좋아하지 않습니다. 많은 사람들이 서열 정리란 말을 '동물 훈육'이나 '사람이 동물 위에 있어야 한다'는 뜻으로 잘못 이해하고 있는 것 같습니다. 올바른 서열 정리란 강압적으로 이루어지는 훈육이나 사람이 우선이라는 가르침이 아니라, 동물들이 자연스럽게 반려인을 따를 수 있도록 '리더' 역할을 해주는 것입니다. 차분하고도 강한 에너지로 동물들을 이끈다면 그들은 여러분의 울타리 안에서 안전함을 느끼게 됩니다.(올바른 서열 정리, 리더가 되는 방법에 대해서는 멕시코의 유명한 동물 훈련가 시저 밀란의 〈도그 위스퍼러〉를 참고하세요.)

　동물을 사랑과 존중으로 대하고 잘못된 것은 그 자리에서 혼내는 일관된 행동을 보여준다면 입질과 같은 공격적인 행동은 줄어들 것입니다. 입질 또한 동물의 강력한 의사 표현 수단으로, 반려인과 소통이 잘되는 동물들은 이런 문제를 거의 갖고 있지 않습니다. 가족이 아닌 타인에게 입질을 하는 것은 사교성이 부족한 경우가 대부분인데, 이때는 사교성을 키울 만한 여러 가지 상황을 만들어주고 필요하다면 훈련을 병행합니다. 교감을 통해 차분히 설명을 하는 것도 도움이 되지만, 본능적으로 같은 행동을 반복하기 쉬우므로 훈련을 통해 개선해 주는 것이 더욱 좋습니다.

식분증, 이식증

"우리 개가 눈치를 보면서 자기 똥을 주워 먹어요. 그 입으로 뽀뽀를 하자고 달려드는데 정말 미치겠어요!"

프렌치 불독 길동이는 한 살이 좀 안 된 똑똑하고 발랄한 강아지였습니다. 길동이에게 왜 응가를 먹는지 물어보니 "너무 배가 고파! 나는 정말 하루 종일 배가 고프다고!"라고 대답했어요. 한참 자랄 나이의, 그것도 식탐이 둘째가라면 서러운 프렌치 불독이니 그 사정이 충분히 이해가 되었습니다. 엄마가 맛난 것을 많이 주지 않느냐고 물어보니, 사람 손바닥에 놓인 사료 한 줌을 이미지로 보내오며 이것밖에 못 먹는다고 했어요. 반려인에게 물으니 길동이가 피부병이 심해서 정해진 사료 외에는 줄 수가 없다고 했습니다.

늘 배가 고프고 새로운 음식에 대한 호기심이 왕성하다 보니 결국 자기 똥을 먹은 거예요. 그런 행동을 엄마가 싫어한다는 것을 잘 알면서도 통제가 되지 않는 모습이었죠. 보호자에게 사료의 양을 조금 더 늘려주라고 권하면서 피부병이 있는 아이들이 먹을 수 있는 식재료를 알려드렸습니다. 그 식재료를 삶거나 말려서 간식으로 만들어주고, 똥을 먹으려고 코를 갖다 대면 제지한 후 3초 안에 바로 간식으로 보상하도록 했습니다. 길동이에게는 똥을 주워 먹으면 엄마가 뽀뽀를 해줄 수 없다고 말해주었지요. 2주 후 길동이는 엄마가 있을 때는 똥을 먹지 않는 상태로까지 호전되었습니다.

고양이에게 이식증(간식 외에 흙, 헝겊, 비닐, 끈 등 먹지 말아야 할 것을 먹는 증상)은 흔한 증상이지만 식분증(변을 먹는 증상)은 매우 드문 일입니다. 하지만 개들은 식분증이나 이식증을 앓는 일이 흔합니다. 개들이 변을 먹으면 반려인들은 기겁을 하는데, 교감을 통해 물어보면 대부분 '맛있어서'라고 대답합니다. 항상 똑같은 사료나 음식을 먹는 개들에게 배설물은 간식 같은 맛을 느끼도록 해주니까요.

그래서 아이가 변을 먹는다면 보호자들에게 먹는 것을 다양하게 바꿔주라고 조언하거나 고기 성분이 과다하게 함유된 사료를 먹이고 있는 건 아닌지 살펴보라고 권합니다. 사료에 고기 성분이 과하게 들어가 있을 경우 변을 고기 냄새 나는 간식으로 인식하기도 하거든요. 식사량이 부족하지 않은지도 살펴봐야 합니다. 또는 과한 배변 훈련으로 꾸중을 많이 들은 아이들은 배설물을 창피한 것으로 여겨 먹어치우며, 다른 동물들로부터 위협받는 상황에 자주 처하는 아이들은 자신의 냄새를 숨기기 위해 변을 먹기도 합니다.

이런 문제들을 개선하려면 먼저 원인을 파악하고 그 원인을 최대한 제거하면서 현실적인 훈련을 병행해야 합니다. 눈앞에서 변을 먹으면 즉시 제지하고, 제지에 응하면 그 자리에서 크게 칭찬함과 동시에 간식으로 보상을 합니다. 변을 먹으면 기분이 나쁘다는 인식을 가질 수 있도록 '딱!' 하고 큰 소리를 내주는 것도 좋습니다. 이런 충격 요법은 문제 행동을 하는 즉시 이루어져야 효과가 있습니다. 보상이나 벌은 어떤 행동을 했을 때 그로부터 3초 내에 주어져야 합니다.

또 배변을 했을 땐 그 자리에서 바로 치워주어야 합니다. 고양이들은 체내 영양소가 부족하거나 먹는 양이 부족할 때 흙을 먹기도 하고, 바스락거리는 느낌이 좋아 비닐이나 끈을 핥는 경우도 있습니다. 고양이의 혀는 돌기가 오돌토돌하게 안쪽으로 향해 있어 원단이나 끈이 혀에 붙으면 뱉고 싶어도 뱉지 못하고 그대로 삼키는 경우가 많아요. 교감을 통해 위험하다는 경고는 해줄 수 있지만 행동을 개선하기는 쉽지 않으므로, 사고를 칠 만한 것이나 위험한 물건은 미리미리 치워두는 것이 가장 좋습니다.

실외 배변

저의 반려견 위리어는 집 안에서 절대 배변을 하지 않는 아이였어요. 하루 종일 자유롭게 산책을 하고 집에 돌아오는 생활을 10년 가까이 해온 터라 집에서 배변하는 것을 낯설어했죠. 저에게 왔을 때 이미 열두 살이었기에 오랜 습관을 고치기가 어려웠어요. 저러다 병이라도 날까 걱정될 만큼 집에서는 변을 참았습니다. 내가 약속이 있어 늦기라도 하는 날이면 거의 열두 시간을 참기도 했죠. 하지만 하루에 서너 번씩 집 앞에 데리고 나가 배변을 시키는 건 나에게 너무나 힘든 일이었어요.

아이가 실외 배변을 하면 집 안을 깨끗하게 유지할 수 있어 좋지만, 실제로 이런 아이를 반려하는 분들은 비가 오나 눈이 오나 데리고 나가야 하는 불편함을 겪습니다. 이런 아이들과 교감을 해보면 대부분 집 안을 더럽히는 게 싫다거나, 집 안에 있을 때는 배변 욕구를 그다지 느끼지 못한다고 대답합니다. 동물들에게는 자기가 머무는 공간을 청결하게 유지하려는 본능이 있는데 여기에 정해진 시간에 산책을 하는 것이 몸에 배어 이런 습관이 생긴 것이죠.

이런 습관을 바꾸려면 첫째, 꼭 정해진 시간에만 산책을 하지 말고 변화를 줘야 해요. 둘째, 베란다나 작은방, 화장실 등 주생활 공간과 분리된 배변 공간을 집 안에 하나 정하세요. 아이가 참는 것이 한계에 이르러 나가자고 보채면 외출할 때처럼 목줄을 채우거나 옷을 입힌 다음 리드 줄을 잡고 자연스럽게 그 공간으로 들어갑니다. 이 문을 통과하면 배변을 해도 된다는 인식을 심어주기 위해 바닥에 이불이나 다른 생활용품은 치워두고 대신 화분이나 신문지를 놓아주세요.

처음에는 낯설어서 볼일을 보지 않고 참을 거예요. 그럴 때는 다시 생활 공간으로 돌아와 풀어준 뒤 다시 급하다는 신호가 오면 반복해서 데려갑니다. 이 교육은 반드시 반려 동물이 배변이 급하다는 신호를 보내올 때 최소 사흘 이상 꾸준히 해야 해요. 중간에 집을 비우거나 마음이 약해져서 산책을 나가면 그때부터 다시 시작해야 합니다. 그래서 보통 주말이나 휴가 때 도전해 보는 것이 좋습니다. 다만 아이가 배변 관련 질병이 있는 아이라면 훈련을 시킨다고 억지로 배변을 참게 해서는 안 돼요!

관계 개선

바비는 검정과 오렌지색 털의 조화가 무척 아름다운 열 살 할머니 고양이였습니다. 도도하고 새침했지만 애교가 많아 가족들의 사랑을 독차지하며 여왕처럼 살아왔지요. 바비가 나이가 들고 잠자는 시간이 늘어나자 가족들은 바비에게 어린 고양이 친구를 만들어주기로 했고, 발랄한 여동생 미미가 오게 되었습니다. 하지만 예상과 달리 바비는 미미를 심하게 경계하고 심지어 손을 날려 공격하기도 했습니다. 가족들은 조심스럽게 기다렸지만 둘 사이는 조금도 좁혀지지 않았어요. 미미는 자기에게 냉랭한 바비를 끊임없이 따라다니며 괴롭혔고, 바비는 10년 동안 지내온 자신만의 공간에 들어온 불청객이 밉기만 했어요. 두 달이 지나도록 관계가 개선되지 않자 어쩔 수 없이 미미의 파양을 고민하기에 이르렀습니다.

두 아이를 교감으로 만났을 때 미미는 친해지고 싶은 마음이 가득했지만 자신에게 냉랭하기만 한 언니에게 서운해하고 있었고, 바비는 까불대는 동생이 여간 성가신 게 아니라고 했어요. 저는 두 아이에게 부드럽게 말해주었습니다.

"가족들은 너희 둘 다 사랑해. 이제 너희는 가족이란다."

서로 관여할 수 있는 범위와 지켜야 할 룰이 정해지려면 시간이 필요합니다. 저는 두 아이의 관계를 돈독하게 할 '사건'을 만들어주고 싶었습니다. 고양이들은 환경에 매우 예민해서 가구 위치만 달라져도 탐색하고 적응하는 기간을 갖거든요. 저는 두 아이를 커다란 이동장 안에 넣고 병원 대기실에 한 시간 정도 머물다 오라고 권했습니다. 병원이 아니더라도 낯설고 다소 긴장할 만한 공간에서 체온을 의지하며 단둘이 있다 보면 마음의 문을 열 거라 생각했지요.

예상대로 바비와 미미는 그런 '사건'들을 계기로 점차 서로를 인정하기 시작했습니다. 물론 서로 애지중지한 사이까지는 아니었지만 가족으로 함께 살아야 한다는 것을 인정했고, 그 후 크게 불편한 상황은 만들지 않고 생활하게 되었답니다. 물론 이는 두 아이가 혈투까지 하는 관계가 아니었기에 가능한 변화였어요.

흔한 일은 아니지만 합사 과정에서 목숨이 위태로울 정도로 격렬하게 싸우는 아이들도 있습니다. 하루라도 조용한 날이 없어 조마조마하지만 둘 중 어느 하나도 포기할 수 없어 괴로워하는 분들이 많지요. 에너지 궁합이 맞지 않아서, 원치 않은 친구를 만들어줘서, 혹은 나중에 온 아이가 먼저 있는 아이에게 도전을 해서, 엄마가 알게 모르게 편애를 해서 등등 이유는 다양합니다. 관절이나 여타 건강이 좋지 않은 동물은 핸디캡 때문에 예민해지기도 하고, 때로 자기 방어를 위해 공격성을 띠기도 합니다. 이런 아이들은 다른 아이들이 조금만 귀찮게 해도 예민하게 굴고 싸우려 해요.

개들은 자기들끼리 서열 정리를 하도록 반려인이 확실한 입장을 취하고 산책이나 놀이를 통해 신체 에너지를 충분히 해소해 준다면 어느 정도 관계를 개선할 수 있지만, 고양이에게는 서열 정리가 큰 의미가 없습니다. 고양이들은 싫으면 한 공간에 있는 것조차도 불쾌해하고 겸상도 하지 않기 때문에, 물고 뜯을 만큼 사이가 좋지 않다면 서로를 위해 헤어지도록 하는 쪽을 권하기도 해요. 이 경우 교감을 통해 중재한다고 해도 어느 정도 이상은 가까워지기 어렵거든요.

동물의 문제 행동은 대부분 자존감이 부족할 때 생겨납니다. 자신이 사랑받지 못한다고 생각할 때, 집에서의 존재감이 불분명하다고 생각할 때 문제 행동이 생기는 것을 많은 사례들을 통해 볼 수 있었어요. 자신이 사랑받는다는 것을 완벽히 인지하고 있는 아이들은 당당하고 자존감이 강하며 여유로운 성향을 보입니다. 이런 아이들은 분리불안이나 공격적인 성향도 보이지 않아요.

그러나 자기 뜻과 상관없이 동물 가족이 늘어나거나 사랑을 제대로 못 받는다고 생각하면, 아무 데나 배변을 하거나 물건을 물어뜯거나 가족들에게 입질을 하는 등의 문제 행동을 보입니다. 때로 허한 마음을 식탐으로 표출하기도 하지요. 물론 타고난 성격도 무시할 수는 없지만, 그보다는 반려인이 이끄는 대로 성격이 형성되는 경우가 많습니다. 그렇기에 동물들의 문제 행동을 개선하기 위해서는 반드시 반려인의 노력이 동반되어야 해요. 동물들은 대부분 반려인의 의지대로 움직이고 살아가기 때문에 모든 문제 행동의 책임은 반려인에게 있다 해도 틀린 말이 아닙니다.

교감은 이런 문제 행동의 원인을 짚어내고 개선 방법을 찾는 데 매우 효과적인 역할을 합니다. 하지만 해결책을 동물들에게 제시해 준다고 해서 무조건 행동 변화가 뒤따르는 것은 아닙니다. 문제 행동을 바꾸는 결정적인 역할은 반려인의 적극적인 노력 여하에 달려 있다는 점을 기억해 주세요.

교감으로 행동 교정하기

반려 동물에게 바라는 점이나 고쳤으면 하는 점을 매일매일 들려 주세요. 다만 잔소리를 하듯이 일방적으로 요구하거나 부탁을 하는 것이 아니라 사랑과 진심을 담아 메시지를 전달해야 해요. 동물이 반응을 보이지 않거나 내 얘기를 듣고 있지 않는 것처럼 느껴져도 차분한 마음으로 울림이 전달되도록 하는 것이 중요해요. 한두 번 시도해 보고 안 된다고 포기하거나 좌절하지 말고 계속해서 마음을 전달해 보세요. 이렇게 마음으로 소통하다 보면 내가 무엇을 잘못 했는지 돌아볼 수 있게 됩니다. 동물에게 진심을 전달하면서 함께 원인을 찾아 제거해 주면 더 빠른 변화가 있을 거예요.

"우리 몽이는 새벽에는 가족들이 놀아주거나 봐주지 않아서인지 배변을 안 하고 꾹 참아요. 건강이 걱정되어 새벽에 배변을 참지 말라고, 그럼 아침에 일어나서 맛있는 것을 주겠다고 계속해서 말해줬어요. 그랬더니 어느 정도 행동이 개선되었어요. 또 몽이가 개들이 많은 곳에서 짖기 시작하면 다른 강아지들이 덩달아 짖길래 몽이에게 상황 설명을 해줬습니다. '우리 몽이가 제일 어른이니까, 몽이가 짖으면 다른 아이들이 따라 짖어서 너무 시끄러우니까 짖지 말자'라고 계속 말해줬지요. 신기하게도 '우리 몽이가 어른이니까'라고 말하면 짖지 않고 으릉으릉 정도만 하면서 참는 모습을 보였습니다."

— 김미나 님

"우리 럭키는 가족들이 집을 비우면 온 집 안에 오줌을 쌌어요. 많게는 열 군데 넘게 싸놓는 날도 있었지요. 회사를 다녀야 하는데 너무 힘들었어요. 가족과 함께 있고 싶은 럭키의 마음은 알지만 일을 그만둘 수는 없으니까요. 그래서 교감 수업 때 배운 대로 해보았죠. 오줌을 여기저기 싸놓으면 엄마가 집에 들어와서 치우느라 럭키와 함께할 시간이 줄어든다고 말해주고, 실제로 집에 들어왔을 때 오줌이 있으면 럭키를 무시하고 집안일을 했어요. 그랬더니 점점 오줌을 싸놓는 횟수가 줄어들고 지금은 많이 좋아졌답니다. 오줌을 아무 데나 싸지 않은 날에는 엄청난 칭찬과 사랑 표현을 해주고 있어요. 요즘은 너무 편해서 좋아요."

— 양선미 님

"준이는 길에서 데려온 아이예요. 특별히 나쁜 감정이 생길 일이 전혀 없었는데도 엄마라고 생각하질 않는 건지 손길도 달가워하지 않고 그냥 혼자만의 시간을 즐겼지요. 준이와 더 가까워지고 싶었지만 원래 성격이 그런가 싶어서 존중해 주고 일부러 가까이 다가가거나 하지는 않았죠. 그러다가 혜별 님의 수업을 듣고 준이에게 매일매일 사랑한다고 말해주고 눈을 마주치고 사랑의 마음을 전달해 주었어요. 그랬더니 준이가 저에게 먼저 다가와서 애교를 부리기 시작했어요. 지금은 만져주면 발라당 뒤집기까지 한답니다. 준이가 이렇게 애교가 많은 아이인 걸 새삼 알았어요."

― 이승하 님

"내가 돌보던 길냥이 상국이. 몸이 너무 아픈 상국이를 구조하기 위해 찾아다녔지만 어디에 숨어 있는지 상국이는 사흘 동안 나타나지 않았습니다. 평소 다른 고양이들을 피해 정오 즈음 밥을 먹으러 오던 아이였는데 며칠 동안 보이지 않았어요. 폭설과 한파에 무슨 문제가 생긴 건 아닌지 걱정이 되었지요. 그러던 어느 늦은 밤, 외출 후 집으로 가는 버스 안에서 한 시간 내내 간절한 마음으로 교감을 시도했습니다. '맛있고 따뜻한 밥을 줄게. 내가 안전하게 지켜줄게. 우리 집 앞으로 와줘' 등의 메시지를 열심히 보냈어요. 마침내 집에 도착했을 때 인기척에 놀라 2층에서 1층 계단 뒤로 급히 숨는 노란 실루엣을 보게 되었습니다. 그때 그 감동은 말로 설명이 어렵네요. 내 메시지를 듣고 반응을 보여준 것이 고마워 지금도 가슴이 벅차오릅니다. 교감 덕분에 구조가 가능했어요. 제가 동물들과 교감할 줄 몰랐다면 고민만 하다 포기했을 거예요. 그날 나도 동물들과 대화할 수 있을 것이라는 기대감이 확신으로 바뀌었습니다."

— 이은주 님

'과연 동물이 사람의 말을 알아들을 수 있을까?' 하는 의문이 생길 수 있습니다. 하지만 앞서 말한 것처럼 문장에 담겨 있는 의미와 에너지는 하나의 덩어리 형태로 전달이 됩니다. 정확히 단어 하나하나의 의미를 파악한다기보다는 그 뜻이 담긴 에너지 덩어리로 이해하게 되는 것이죠. 그것이 행동 변화로 이어지려면 여러 번 반복해서 말해주는 것이 좋아요.

이 방법을 시도해 보도록 학생들에게 과제를 내주기 시작하자, 놀라울 정도로 많은 아이들이 변화되었다는 피드백을 받았답니다. 믿을 수 없다면 여러분도 오늘 바로 시작해 보세요! 모든 상황에 이 방법이 다 통하지는 않겠지만 진실한 마음만은 그대로 전달될 테니까요!

5.

잃어버린 동물 찾기

실종 교감

　지금 이 순간에도 잠깐의 부주의로 사랑하는 동물 가족을 잃어 버리는 안타까운 사연들이 계속 발생하고 있습니다. 특히 문을 열어 놓고 지내는 가정이 많아지는 여름이나 에어컨 설치와 정수기 필터 교체 등 낯선 이들의 방문이 있고 난 뒤 안타까운 소식들이 더 많이 들려오지요. 바깥세상에 대한 호기심에 동물 스스로 집 문턱을 넘어서는 일도 있지만, 산책길에 신이 나서 앞서 뛰어나가거나 낯선 환경에 깜짝 놀라 반려인 품에서 튕겨져 나가는 일도 자주 발생합니다.

　자신의 부주의로 동물을 잃어버렸을 때 반려인의 자책감과 상실감은 상상을 초월합니다. 그런데 평정을 찾기 힘든 공황 상태에 놓이는 것은 동물도 마찬가지예요. 늘 집에만 있던 아이들이라면 더욱 더 당황하고 겁에 질려 구석을 찾아 숨게 됩니다. 특히나 고양이들은 낯선 환경에 놓이면 극도로 예민해져 돌발 행동을 보이기도 하지요.

이럴 때 교감 연결을 하면 주변의 정보라든가 집을 나간 뒤의 동선, 다친 곳은 없는지, 혹은 누군가에게 구조되어 보살핌을 받고 있는지 등을 알 수 있습니다. 하지만 실종 교감은 쉽지 않습니다. 교감사는 아이를 잃어버리고 얼이 나간 반려인과 낯선 곳에 떨어진 동물의 두려움 사이에서 평정심을 유지해야 합니다. 그뿐 아니라 꼭 찾아줘야 한다는 부담감과 생사 구분의 어려움 등의 난관도 극복해야 하거든요.

그러다 보니 꼭 필요한 분야임에도 불구하고 국내 대부분의 동물 교감사들은 실종 교감을 다루지 않습니다. 하지만 이 글을 읽는 여러분은 미리부터 포기하지 않았으면 좋겠어요. 계속해서 시도하고 경험을 쌓다 보면 분명 실종 동물을 찾는 데 도움이 될 테니까요.

안타깝게도 동물들의 생사를 100퍼센트 알아맞힐 수 있는 교감사는 없습니다. 가장 큰 이유를 들자면 동물들이 자신의 죽음을 모두 인식하는 것은 아니기 때문입니다. 설령 사후 교감이 가능하다 해도 "네가 죽었니?"라고 물었을 때 자신의 상황을 정확히 인지하여 "네, 맞아요"라고 대답하는 동물은 많지 않습니다. 특히 갑작스런 죽음을 맞이한 아이들은 스스로도 당황스러워 자신이 죽었다는 사실을 받아들이지 못하거나 사고를 당한 자리에서 맴도는 경우가 많습니다.

동물들의 생사 여부는 질문과 감각 공유, 에너지 리딩(동물의 몸에서
느껴지는 에너지 감각들을 통해 아픈 곳이 있는지 죽은 감각인지 등을 리딩하는 것으
로, 이 감각은 에너지 기감을 발달시키는 명상 수련 등을 통해 발달시킬 수 있어요. 특히
레이키 수련이 도움이 됩니다)을 통해 더욱 정확하게 알 수 있습니다.

혼자 하는 외출과 이별

반려 동물을 하나의 소중한 생명으로 받아들이고 존중하는 인식이 좀 더 앞서 있는 서양에서는 동물들의 외출이 비교적 자유롭습니다. 저는 교감중 미국에 사는 고양이가 집에서 나와 동네 고양이들과 어울리며 팔딱팔딱 뛰는 물고기를 입에 물고 있는 모습을 보여주어 신기해했던 기억이 있습니다.

안타깝게도 우리나라에는 집 밖에 동물들을 위험에 처하게 하는 요소가 너무 많습니다. 사람들은 길 위에서 지내는 생명들에게 매몰차게 대하는 경우도 많고요. 왜 인간은 모두가 발 딛고 사는 이 땅이 자신들만의 것이라고 생각할까요? 존재하는 모든 생명은 각기 살아갈 이유가 있어서 태어났으니 서로를 인정하고 조화를 이루며 함께 살아가야 할 텐데 말이에요. 길 위의 동물이건 따뜻한 집에서 지내는 동물이건 간에 모두 정해진 운명에 순응하여 살아갈 뿐입니다. 길 위의 생명들을 학대하거나 잔인하게 해쳤다는 이야기가 하루가 멀다 하고 들려오지만 그에 대한 법의 규정은 미미하기만 해서 안타까울 뿐입니다.

앞서 이야기한 워리어는 제게 오기 전에 정말 자유로운 삶을 살던 아이였습니다. 그때는 지금보다 혼자 돌아다니는 개들이 많았고, 이전에 워리어를 키우던 가족은 그게 당연히 워리어의 생활이라고 생각했다고 해요. 워리어는 아침에 출근하듯 나가 밤이 되면 돌아오곤 했습니다. 가끔 가족들이 일을 보러 갔다가 옆 동네에서 놀고 있는 워리어와 마주치기도 했다지요. 그러던 워리어가 사교성이 없어지고 사나워진 데는 이유가 있었습니다. 워리어의 이전 가족으로부터 전해들은 이야기로는 어느 날 워리어가 다리 한쪽을 질질 끌면서 집으로 들어왔고, 병원에서 수술을 받았다고 합니다. 누군가 발로 걷어차거나 학대를 한 것입니다. 이 일로 워리어의 자유로운 외출은 끝이 났습니다.

눈에 넣어도 안 아플 나의 동물 가족이 바깥에서 혼자 돌아다니다가 다른 사람들 손에 다친다는 건 상상조차 하기 싫은 일입니다. 다행히 요즘은 유기된 아이들이 아닌 이상 혼자 다니는 개들이 드물지만, 고양이는 마당에서만 살게 한다거나 외출 고양이로 반려하는 경우가 여전히 많습니다. 솔직하게 말하면 외출 고양이는 '나의 고양이'가 아니에요. 그저 나에게 밥만 얻어먹으러 오는 길고양이와 다를 바 없습니다. 언제 돌아오지 않아도 전혀 이상할 것이 없다는 말입니다.

동물이 혼자 외출하면 안 되는 가장 큰 이유는 '로드 킬' 때문입니다. 우리나라는 인구는 많고 땅이 작아 도로 사정이 썩 좋지 않습니다. 차 한 대가 겨우 지나다닐 만큼 좁은 골목도 많지요. 로드 킬은 넓은 도로만이 아니라 작은 도로에서도 자주 일어납니다. 간혹 "우리 애는 차를 알아서 피해 다녀요"라고 말씀하는 분들이 계시는데 이것은 너무나 위험한 생각이에요. 또 외출시 리드 줄과 배변 봉투를 지참하지 않으면 법적인 제재를 받는데도 여전히 리드 줄 없이 산책을 다니는 사람들이 눈에 띕니다. '답답할까봐' 또는 '리드 하기가 힘들어서' 등의 이유를 대는데 이는 동물에게나 거리의 사람들에게나 매우 위험한 행동입니다.

제리는 치즈태비 무늬의 세 살 남자 고양이였어요. 모험심이 강하고 사교성이 좋은 아이였죠. 매일매일 낮에 외출했다 밤이면 조금 열어둔 창문을 통해 돌아오는 것이 제리의 일과였습니다. 2년 넘게 이렇게 해왔으니 가족들도 걱정 없이 제리를 외출하도록 놔뒀습니다. 그러던 어느 날 밤늦도록 제리가 돌아오지 않자 가족들은 애가 탔습니다. 다음날 새벽, 출근을 하려고 대문을 나서던 삼촌의 다급한 외침에 가족들이 달려나갔어요. 주차되어 있던 삼촌의 차 옆에 제리가 차갑게 누워 있었던 겁니다. 사후 교감을 통해 제리가 집으로 돌아오는 길에 오토바이 로드 킬을 당한 것을 알 수 있었어요.

"제리야, 이제 아프지 않은 거지?"

"네, 너무 춥고 무서웠어요. 지금은 따뜻한 곳에서 쉬고 있어요."

"가족들이 제리를 그렇게 만든 것이 아닌가 하는 생각에 너무 미안해하고 있어."

"아니에요. 집에 거의 다 도착했는데…… 너무 갑작스러운 일이라 저도 놀랐어요. 누나에게 저는 정말 괜찮다고 말해주세요. 저는 정말 괜찮아요……"

울먹울먹하던 제리의 모습이 가슴에 남아 지금도 마음이 아려옵니다.

홀로 외출을 시키지 말아야 하는 또 다른 이유로는 영역 다툼에 밀려 다른 지역으로 쫓겨나거나 다치는 아이들도 있기 때문입니다. 길에서 생활하는 고양이들은 영역 의식이 더욱 강합니다. 먹을거리가 많은 곳이면 경쟁은 훨씬 더 치열하고, 집에서 곱게 자란 고양이들은 영역을 지키기 위해 방어를 하는 길고양이들에게 상대가 되지 않습니다. 밥도 한 끼 못 먹은 채 돌아다니다 여러 아이에게 동시에 공격을 받기도 하고, 죽을 만큼 싸우다 밀려 멀리멀리 도망가는 일도 발생합니다.

저는 캣맘으로 지낼 때 영역 싸움에 밀려 3개월씩 모습을 감췄다 나타나는 아이들도 보았고, 배가 고파 다른 고양이의 영역까지 왔다가 목숨의 위협을 받고 줄행랑치는 아이들도 여러 번 보았습니다. 집에서만 지내던 아이들이 이런 일을 당하면 대부분은 정신없이 멀리 도망치느라 집으로 가는 길을 잃고 맙니다.

드물기는 하지만 바깥 생활이 너무 즐거워서 집으로 가는 길을 알고 있는데도 가지 않는 아이들도 있습니다. 이들과 교감을 나눠보면, "바깥 생활을 좀 더 즐기다 들어간다고 해줘" "여기 친구가 진짜 많아" "내가 돌봐줘야 할 아이들이 있어"처럼 여러 가지 이유를 대는 걸 들을 수 있답니다.

그러니 "우리 아이는 외출했다가 언제나 집에 잘 돌아오니 상관없어요"라고 말하지 마세요. 외출 고양이로 반려하려면 돌아오지 못할 상황까지 받아들일 수 있는 결심이 섰을 때 문을 열어주세요.

실종 사고 예방법

대부분의 실종 사고는 보호자가 방심하는 사이에 일어납니다. 그렇게 잃어버린 동물의 상담 의뢰를 받을 때마다 저는 가슴이 너무 아픕니다.

어떤 동물들은 주체할 수 없는 호기심과 활력으로 대문이 열리면 그대로 바깥을 향해 돌진합니다. 따라서 동물을 반려하는 집이라면 꼭 현관에 중문을 설치하는 게 좋아요. 사람이 드나드는 데는 조금 번잡스러울 수 있지만 이렇게 중문으로 막아주면 동물들이 내달리다가도 멈칫할 수 있어요. "우리 아이는 밖을 무서워해서 나갈 생각이 없어요"라고 생각하는 것도 위험해요. 갑자기 무언가에 놀라거나 하면 순간적으로 방향 감각을 잃고 열린 문 틈으로 뛰쳐나갈 수 있으니까요.

고양이를 반려하는 집이라면 현관에는 방묘문을, 창문에는 방묘

창을 설치해야 합니다. 대부분의 창문에는 방충망이 있습니다만, 오래된 집이라면 방충망이 삭아서 쉽게 뜯어지거나 구멍이 나 있기도 하지요. 고양이들은 앞발을 휘둘러 걸리는 게 있으면 그것에 집착하여 뜯거나 물어뜯는 습성이 있습니다. 그래서 방충망을 뜯고 바깥으로 탈출하는 경우가 빈번합니다. 방묘창이나 방묘문은 업체를 통해 제작할 수도 있고 인터넷에서 재료를 구입해서 직접 만들 수도 있으니 꼭 설치하세요.

또한 만일의 사태에 대비해서 동물의 몸에 전자 칩을 넣어주거나 이름과 연락처를 적은 인식표를 항상 걸어둡니다. 실제로 이런 인식표나 전자 칩을 통해 가족의 품으로 돌아오는 사례가 굉장히 많습니다. 이사를 하거나 병원을 방문할 때는 개들은 반드시 리드 줄을 채우고, 다른 동물들은 캐리어를 이용합니다. 고양이 캐리어는 그물이나 천으로 된 것보다는 발톱으로 찢을 수 없는 플라스틱 제품이 좋으며, 잠금 장치가 제대로 작동하는지 자주 확인해야 합니다.

이사할 때는 여러 사람이 왔다 갔다 하느라 정신이 없으므로 가능하면 이사 하루 전 안전한 곳으로 동물을 잠시 옮겨두는 것이 좋습니다. 병원 진료를 받을 때는 반드시 진료실 문을 닫아야 하고요. 당황한 동물이 놀라 진료실 밖으로 뛰쳐나가면 잡기가 힘들 뿐더러 때마침 문을 열고 들어오는 사람이라도 있다면 열린 문 밖으로 달려나가 버릴 수 있으니까요.

이런 부분은 교감을 통해서 미리 주의를 시키기가 힘듭니다. 무서울 때 심리적으로 공황 상태를 겪는 것, 답답함과 호기심에 바깥으로 뛰쳐나가는 것은 동물의 본능이기 때문입니다. 드문 일이긴 하지만, 제가 교감했던 앵두라는 강아지는 엄마랑 떨어지면 자기는 살 수 없다면서 문 밖으로 절대 나가지 않겠다고 약속해 주기도 했습니다. 하지만 이런 약속을 했다 할지라도 위기 상황을 만나면 본능적으로 조절이 안 될 수 있으니 항상 조심해야 합니다.

동물을 잃어버렸을 때의 행동수칙

동물을 잃어버리면 반려인들은 머릿속이 하얘지고 공황 상태에 빠집니다. 이런 상황에서 평정을 유지하기란 매우 어려운 일이지만, 사랑하는 동물을 꼭 다시 만나고 싶다면 냉정해질 필요가 있습니다. 반려인의 차분하고 냉철한 사고는 교감사에게도 큰 도움이 됩니다. 아래는 혹시라도 동물을 잃어버렸을 때 반려인에게 도움이 되는 행동들입니다.

1. 차분히 심호흡을 하고 동물이 언제 어떻게 나갔는지를 파악합니다.

2. 먹을 것이나 평소 좋아하는 것을 가지고 나가 나지막이 이름을 부르며 가까운 곳부터 찾습니다. 특히 고양이들은 낯선 환경에서 몸을 사리는 성향이 있기에 골든 타임(실종 후 24시간) 안

에는 집 주변, 주차장, 창고, 옥상 등 가까운 곳에 머물고 있을 가능성이 매우 큽니다. 이름을 크게 부르면 오히려 두려움을 느껴 깊숙한 곳으로 더 파고들어 갈 수 있으니 아무렇지 않은 척 침착하게 낮은 목소리로 부릅니다.

3. 반려 동물을 발견했을 때 집에서 했던 것처럼 막 다가가서 안으려 해서는 안 됩니다. 바깥에서 만난 나의 동물은 집에서 살을 비비고 이름만 불러도 달려오던 아이랑은 사뭇 다릅니다. 고양이는 뒷걸음질 치거나 도망가 버리기도 하고, 개들은 잡힐 듯 말듯 약을 올리며 애를 태우기도 합니다. 발견하면 가만히 몸을 낮추고 거리를 유지한 상태에서 먹을 것을 꺼내주거나 나지막이 이름을 부르면서 조금씩 거리를 좁혀갑니다.

4. 집에서 사라진 것을 확인한 순간 우선 집 근처부터 찾아보지만, 찾지 못했다면 전단지를 만들어 실종 동물을 찾아주는 동물 탐정이나 교감사에게 도움을 구합니다. 전단지는 집 주변부터 몇 블록 떨어진 곳까지 고루 붙이고 계속해서 수색을 멈추지 말아야 합니다. 이때 가장 중요한 자세는 꼭 찾는다는 긍정적인 마음입니다. 마음속으로 계속해서 아이에게 '너를 찾고 있어. 돌아와 줘. 조금만 버텨줘'라고 메시지를 보냅니다. 교감 의뢰를 할 때는 아이가 나간 시간과 이유, 마지막 목격담 등을 알려주면 좋습니다.

5. 유기 동물 보호소의 공고를 꼼꼼하게 살펴봅니다. 동물들은 때로는 정말 먼 곳에서 발견되기도 하니 반려인이 사는 지역 뿐 아니라 인근 지역의 유기 동물 공고를 모두 살핍니다.

실종 교감 나누기

·

실종 교감은 어느 정도 교감에 익숙한 분들이 하는 것이 좋아요. 반려 동물을 잃어버리고 당황한 상태에서 반려인이 정확히 피드백을 해주기 힘들 수 있고, 따라서 교감사는 오롯이 자신의 교감에 확신을 가져야 하니까요. 특히 실종 동물의 생사 여부와 관련해 교감사가 느끼는 작은 오차도 반려인에게는 큰 상처가 될 수 있어요. 그러니 훈련이 제대로 되지 않은 초보자보다는 경험이 많은 전문 교감사에게 의뢰하기를 권하고 싶습니다. 하지만 초보자라도 아래 소개하는 방법들을 참고해서 연습을 해보는 것은 전혀 문제가 되지 않으니 한번 따라해 보세요.

1. 차분하게 호흡을 하고 마음을 가라앉힙니다. 교감 훈련을 받은 사람도 자신에게 일어난 사건은 집중이 어려울 수 있으니

마음의 평정을 찾기가 어렵다면 다른 교감사의 도움을 받는 것도 좋습니다. 최대한 평정을 유지한 객관적인 상태가 되어야 하며 생사 여부를 미리 단정 짓는 실수를 하지 말아야 합니다.

2. 찾아야 할 동물의 모습을 떠올리고 감각 공유(이 책의 82쪽 참조)를 통해 현재 동물의 기분을 느껴봅니다. 불안한 감정, 슬픈 감정, 들뜨고 신나는 감정 등등이 느껴질 것입니다. 그런 뒤 감각 공유를 통해 내 몸에 전달되어 오는 느낌들도 살펴봅니다. 탈수 상태이거나 오히려 누군가에게 돌봄을 받고 편안해하는 기분이 느껴질 수도 있고, 영역 싸움에 휘말려 크게 다쳤거나 교통사고를 당해 고통스러워하는 느낌이 올 수도 있습니다. 몸이 아프다는 느낌이 들 때 레이키 힐링 훈련이 된 사람이라면 힐링 에너지를 보내줍니다. 힐링 에너지는 동물의 고통을 줄여줄 뿐 아니라 빛을 따라 집으로 인도해 주기도 합니다.

3. 엄마가 애타고 찾고 있다는 메시지를 보내면서, 집에 돌아오고 싶다면 대답해 달라고 부탁합니다. 집에서 나가 어디를 거쳐 어느 방향으로 갔는지 현재 주변에 보이는 것은 무엇인지 알려 달라고 합니다. 이때 동물들이 대답을 해온다면, 자동차 바퀴가 크게 확대되어 보인다거나 축축한 바닥이 느껴진다거나 초록색 건물이 보이는 등 동물이 느끼는 감각들이 메시지로 전달되어 오기도 합니다.

4. 집에 돌아오고 싶은 마음이 간절한 아이라 느껴지면 엄마도 같은 마음이라고 전달하고, 꼭 찾아낼 테니 멀리 가지 말라는 말과 함께 이름을 부르는 소리가 나면 모습을 보여달라고 부탁합니다. 만약 돌아올 마음이 없는 아이라면 그래도 엄마가 걱정하니 작별 인사는 나눠달라고 부탁합니다. 하지만 이런 상황이어도 우선은 포기하지 말고 실종된 아이를 찾아보라고 권하고 싶어요. 바깥은 너무 위험하니까요.

5. 곧 다시 접속하겠다는 인사를 하고 마칩니다. 당황해하는 동물과 반려인 사이에서 교감사는 자신이 먼저 울거나 감정에 휘둘려서는 안 됩니다. 또한 상황이 급박하게 변화할 수 있으므로 교감을 한 번에 끝내기보다 여러 차례 진행하는 것이 좋습니다.

6. 만약의 경우를 대비해 평소에 '교감을 통한 술래잡기 놀이'(이 책의 71쪽 참조)를 자주 해볼 것을 추천합니다.

집에 돌아가기 싫어

호빵이는 노란색 치즈태비 고양이였습니다. 호빵이는 원래 길에서 살던 아이였어요. 평소 길냥이들 밥을 챙겨주던 호빵이 보호자는 사람을 잘 따르고 먼저 와서 애교도 잘 부리는 호빵이를 구조하여 가족으로 맞이했습니다. 하지만 중성화 수술을 시키고 집으로 데려오고 나니 호빵이는 밖에서와는 사뭇 다르게 경계하는 모습을 보였고, 밤만 되면 밖으로 나가고 싶어 큰소리로 울기 시작했습니다.

그렇게 시간이 흐르고 어느 정도 적응이 되었다 싶을 무렵 할아버지께서 문을 열고 나가는 틈을 타 호빵이가 탈출하고 말았어요. 당황한 호빵이 엄마는 실종 상담을 의뢰해 왔습니다. 호빵이가 늘 오던 장소에 사료를 두고 며칠을 기다렸지만 사료를 먹은 흔적만 있을 뿐 호빵이는 모습을 보이지 않았다고 해요. 엄마는 어떻게든 구조하려는 마음을 포기하지 않았습니다. 중성화를 한 수컷 고양이는 밖에서 살아남기가 힘들다는 사실을 알고 있었거든요.

교감을 해보니 호빵이는 우려와 달리 아주 잘 지내고 있었습니다. 주변에 고양이 친구들도 많이 보였지요. 호빵이의 의지는 단호했습니다. "이렇게 지내는 것이 더 좋아. 거긴 너무 답답하고 친구도 없어. 돌아가고 싶지 않다고 전해줘"라고 말하는 것이었습니다.

정말 난처했습니다. 하지만 반려인에게 있는 그대로 전달해 줄 수밖에 없었어요. 반려인은 고민에 빠졌습니다. 사실 교감 결과를 들은 뒤 반려인이 자신의 생각과 동물의 생각이 달라 고민하게 되는 경우는 아주 흔합니다. 이런 경우 동물을 진정으로 위하는 길이 무엇인지에 초점을 맞춰 결정을 내려야겠죠. 이때 교감사는 최대한 중립을 지키면서 조언해 주어야 합니다.

제가 느끼는 호빵이는 의사가 너무나 단호했고 바깥에 도사리고 있는 수많은 위험도 그냥 모험 정도로 여기는 듯했습니다. 그래서 호빵이에게 엄마가 너무 걱정하니까 엄마에게 잘 지내고 있는 모습을 보여줄 수 있는지 물었고, 호빵이는 흔쾌히 알았다고 대답했어요. 그리고 약속을 지켜 다음날 오후 사료가 있는 장소에 나타나주었습니다. 멀리 선 채 다가오지는 않고 마음으로 인사를 건네는 듯 그렇게 한참 동안 엄마를 바라보았다고 합니다.

엄마는 처음에는 통덫으로 붙잡아서라도 집으로 데려올까 고민했지만, 그걸 원치 않는 호빵이의 마음이 강하게 느껴졌다고 합니다. 그 뒤로도 엄마는 계속해서 밥을 챙겨주며 호빵이를 돌보았고, 호빵이 또한 건강한 모습으로 밥을 먹으러 와주었다고 해요.

이처럼 활동적이고 모험을 즐기는 성향의 동물들은 집보다는 바깥에서 머물고 싶어 하는 경우가 있습니다. 이런 경우 조금 답답할지라도 안전한 집에서 여생을 보내는 것이 나은지, 혹은 하루를 살더라도 자유롭게 길에서 살게 해줘야 할지 신중하게 결정해야 합니다. 다만 몸이 심하게 아파 치료가 필요한 경우엔 동물의 의사와 상관없이 바로 구조하는 것이 좋겠지요.

실컷 놀다 돌아갈게

얼굴이 동글동글 귀여운 까꿍이는 코리안 숏헤어 고양이였어요. 까꿍이 엄마는 미용실을 운영하는 분이었고, 매일 밥을 얻어먹으러 오던 까꿍이에게 먹을 것을 주다 아예 가족이 되기로 결심했지요. 그런데 바깥 생활이 궁금했는지 문이 열리는 틈을 타 까꿍이가 가끔씩 탈출하기도 해서 엄마는 항상 마음을 졸여야 했어요. 그런 엄마의 마음을 아는지 까꿍이는 저녁이면 어김없이 가게로 돌아왔는데, 어느 날은 외출 나간 지 이틀이 되도록 돌아오지 않았습니다. 까꿍이 엄마가 다급한 마음에 저에게 연락을 해왔습니다.

제가 느낀 까꿍이는 몹시 즐겁고 재미있어 보였어요. 마치 배낭 여행을 떠나온 기분이랄까요? 주위에는 재래 시장이 보였고, 까꿍이는 지나가는 사람들에게 인사를 건네며 먹을 것도 얻어먹고 있었답니다. 집에 가는 길은 잘 알고 있으니 걱정 말고 기다려달라는 까꿍이의 모습이 마치 부모 마음은 눈곱만큼도 모르고 속만 썩이는 어린 자식처럼 느껴졌어요. 하지만 일단은 친구들이랑 몰려다니며 즐거운 시간을 보내고 있는 것 같아 마음이 놓였죠.

엄마는 마음이 무거웠지만 기다려보기로 했어요. 그렇게 사흘이 지난 후 까꿍이는 가게 문으로 얼굴을 빼꼼히 내밀며 돌아왔어요. 그리고 엄마에게 안겨 하루 종일 여행담을 들려주듯이 야옹야옹했지요. 마음을 졸일 대로 졸인 엄마는 다시는 나가지 못하도록 까꿍이를 단속했다고 하네요. 비록 꿀맛 같은 탈출의 기회는 사라졌지만 까꿍이는 지금껏 엄마 사랑을 받으며 잘 지내고 있답니다.

6.

사랑해, 다시 만나요

최선을 다해 사랑하기

잠깐 방심하고 있는 사이 동물이 예기치 못한 어이없는 사고로 죽음을 맞기도 합니다. 반려 동물이 태어나서 죽을 때까지 함께한 다는 것은 마치 두세 살짜리 아이를 15년간 키우는 것과도 같아서 항상 주의 깊게 관찰하고 돌봐야 합니다. 저는 외출하기 바로 전 제 일곱 마리 고양이를 하나하나 쓰다듬으며 잘 다녀오겠노라 인사를 나눠요. 무슨 일이 있어도 이 시간만은 꼭 지킨답니다. 어쩌면 사랑하는 나의 동물 가족과 나누는 마지막 인사가 될 수도 있다는 것을 생각한다면 힘든 일이 아니죠.

슈나우저 동동이의 상담 의뢰를 받았을 때 그 사연이 너무 기구 해서 먹먹한 가슴을 진정시키기가 힘들었어요. 동동이 보호자는 자녀가 없는 딩크족 부부였기 때문에 동동이를 자식처럼 생각하고 키웠다고 해요. 부족한 것 없이 사랑을 듬뿍 받으며 행복하게 살아온 동동이는 어느 날 예기치 못한 사고로 세상을 떠나게 되었습니다. 사고가 나던 날, 약속 시간에 늦어 아침부터 정신없이 바빴던 동동이 엄마는 차에서 꺼내올 물건이 떠올라 차에 갔다 온 후 동동이에게 인사도 못한 채 서둘러 집을 나왔다고 해요.

그렇게 볼일을 마치고 저녁이 되어 귀가했는데 가장 먼저 마중 나와야 할 동동이가 보이지 않았답니다. 그제야 동동이가 사라진 사실을 안 엄마는 외출하는 길에 열린 문 틈으로 동동이가 따라 나왔다 길을 잃고 헤매고 있는 게 아닌가 싶어 온 동네를 뒤지고 다녔다고 합니다. 동동이를 마지막으로 본 지 열세 시간이 넘게 흘렀을 때 문득 불길한 예감이 들어 얼른 차로 달려갔습니다. 다급하게 차 문을 열어보니 동동이가 뒷좌석에서 잠을 자듯 죽어 있었습니다. 엄마가 바쁘게 왔다 갔다 하는 사이 동동이가 따라나가 차에 올라탔던 거예요. 그때는 폭염이 극성을 부리는 한여름이었고 동동이는 질식으로 안타깝게 생을 마감하고 말았습니다. 믿어지지 않을 만큼 충격적인 이 이야기를 전해 들으며 한동안 말문을 열 수 없었어요.

'문단속을 잘했더라면…… 집을 나설 때 얼굴을 보고 잘 다녀오겠노라 인사만 했더라면……'

동동이 엄마는 자책감에 먹지도 자지도 못하고 있었어요. 도저히 스스로를 용서할 수 없는 고통의 시간을 보내다가 허망하게 죽은 동동이가 현재 고통스럽지는 않은지, 아프지 않고 잘 있는지 알고 싶고 무엇보다 미안한 마음을 전하고 용서를 구하고 싶어 교감 의뢰를 해왔습니다. 제 마음 또한 깊은 슬픔으로 좀처럼 진정이 되지 않았어요. 한참을 혼자 눈물을 흘린 후에야 동동이 엄마에게 상담 전화를 할 수 있었지요.

어렵게 마음을 진정시킨 뒤 눈을 감고 마음의 연결을 통해 "동동아, 거기 있니?"라고 불렀을 때 동동이는 눈물이 얼룩진 슬픈 얼굴을 하고 나타났어요. 그 모습에 다잡았던 마음이 다시 흔들려 눈물이 쏟아졌습니다. 저는 중간에서 소통자 역할을 해야 하기 때문에 슬픈 마음을 다잡고 상담을 이어갔죠.

동동이는 엄마에게 자기 생각을 대신 전달해 줄 사람을 만나자 마음이 급했는지 빠르게 말하기 시작했어요. 그렇게 인사도 나누지 못하고 갑작스럽게 떠나게 된 것, 숨이 막혀 편히 떠날 수 없었던 것이 많이 당황스러웠고 받아들이기 어려웠다고 했어요. 하지만 동동이를 가장 슬프게 한 건 엄마가 매일매일 고통 속에 살고 있는 것이었어요. 엄마가 동동이 이름을 부르며 미안하다고 용서해 달라고 울부짖는 것을 동동이도 모두 듣고 있었다고 해요. 동동이도 펑펑 울면서 "괜찮아요, 엄마, 괜찮아……"라고 말하고 있었습니다.

"동동아, 엄마가 미안해. 너를 좀 더 챙기지 못해서 정말 미안하다. 나는 동물을 키울 자격이 없는 사람이야. 평생 속죄하는 마음으로 살게. 용서해 줘, 동동아."

엄마의 부탁에 따라 이렇게 엄마의 말을 전달하자 동동이가 대답했어요.

"사랑하는 엄마, 언제 어디서든 엄마를 졸졸 따라다니는 것은 나의 운명이었어요. 그렇게 엄마를 사랑했고, 사랑받다 떠나게 된 것에 감사해요. 더 오랜 시간 함께하지 못해 미안해요, 엄마. 하늘의 별을 보며 내 생각을 해주세요. 그러면 동동이도 하늘나라에서 같은 별을 보고 엄마 생각을 할 거예요. 우리는 그렇게 영원히 함께할 거예요."

그렇게 상담을 마치고 동동이 엄마는 동동이를 마음에서 놓아주었습니다. 그 후 동동이 엄마의 소식을 듣지는 못했지만 동동이와의 교감을 통해 조금은 마음을 내려놓을 수 있었을 거라 생각해요. 너무나 가슴 아팠던 사연이라 기억에 오래오래 남습니다.

지금 내 앞에 있는 저 밝은 아이들과 갑작스럽게 이별하게 될 때 조금이라도 덜 후회하려면 오늘이 마지막이라 생각하고 맘껏 사랑을 베푸세요. 그리고 반려 동물들의 마음을 이해하고 습관처럼 교감을 나누세요. 동물들이 떠났을 때 여느 때와 같이 내 마음을 전하고 그의 이야기를 전해들을 수 있도록 말이에요.

펫로스 증후군

반려 동물이 떠나고 난 뒤의 슬픔은 상상할 수 없을 정도로 큽니다. 함께 거닐던 산책로에 서서 하염없이 울기도 하고, 집안 곳곳 남은 흔적을 감당하기 힘들어서 일부러 외출을 하고 늦게 들어가기도 하지요. 반려 동물의 냄새가 배어 있는 이불이며 옷을 버리지 못해 얼굴을 파묻고 울거나 심하게는 식음을 전폐하고 앓아눕는 사람들도 있습니다.

저 역시 2009년 반려견 워리어가 갑작스럽게 세상을 떠났을 때 6개월 가까이 마치 시간이 멈춘 듯한 느낌 속에 살아야 했어요. 주변에서는 다른 일에 몰두하며 잊어보라고 충고했지만, 오히려 저는 그 모습, 냄새 어느 하나라도 잊힐까봐 두려웠습니다. 당시 제게 펫로스 증후군petloss syndrome(반려 동물을 잃은 슬픔이 육체적·정신적 질병으로 이어지는 현상. 식욕부진, 체중 감소, 활동성 저하, 무기력, 대인 관계 기피, 헛것을 봄, 집착 등의 증상이 나타납니다)을 이겨낼 방법은 없었습니다. 그저 시간이 해결해 주길 기다리는 수밖에요. 하지만 사랑하는 고양이 칸쵸를 떠나보냈을 때는 교감사 활동을 시작한 뒤였기 때문에 펫로스 증후군을 극복하기가 좀 더 수월했습니다.

동물들과 교감을 나누기 전에는 키우던 동물이 죽어 이별을 하고 나면 견디기 힘들 정도로 슬프고 우울해지곤 했습니다. 다른 집 아이들이나 한 번도 만난 적 없는 텔레비전 속 동물들의 가여운 사연에도 하루 종일 기분이 우울하곤 했지요. 그런 감정에서 벗어나기는 정말 쉽지 않았습니다. 하지만 동물과의 교감을 통해 삶에 대한 그들의 애착은 물론 주어진 것에 대한 감사함과 행복함을 느끼며 살아가는 모습, 그리고 하루하루 최선을 다해 살다가 떠날 때 후회 없이 떠나는 모습 등을 보며 이별이 마냥 슬프기만 한 것은 아니라는 걸 조금씩 깨닫게 되었지요.

세상을 떠난 동물들과의 교감을 통해 동물들이 육체를 버리고 도착하는 곳의 모습, 그들의 생사에 관한 관점을 알게 되었습니다. 어쩌면 사람보다 더 지혜로운 그 모습들을 보면서 비록 따뜻한 체온을 나눌 수는 없을지라도 우리는 에너지로 연결되어 있으며 그 에너지가 돌고 돌아 계속해서 만난다는 사실도 알게 되었지요. 지금 헤어지는 것이 영원히 이별은 아니라는 것, 떠난 동물들이 사람처럼 미련을 갖거나 슬퍼하면서 시간을 보내지 않는다는 것을 알게 되면서, 이 작은 친구들의 새로운 여정을 축복해 줄 수 있는 마음의 여유가 생겼습니다. 슬픔을 겪은 이후에 좀 더 성숙한 사고를 할 수 있게 된 거예요. 언젠가 어느 곳에서든 어떤 모습으로든 다시 만날 때를 기약하면서 말이지요.

동물들이 삶을 내려놓고 떠난 후에 어떤 세계에 머무르다 어떻게 다시 이 세상에 돌아오는지 느끼게 되면 한결 가벼운 마음으로 동물들의 새로운 여정을 축복해 줄 수 있습니다. 물론 동물들도 가족을 떠나 낯선 곳으로 발걸음을 떼는 것이 두렵고 걱정될 것입니다. 그런 동물들에게 용기를 북돋워주세요. 가족들이 자기를 그리워하느라 아무것도 못하는 걸 바라는 동물은 없습니다.

사후 교감 상담을 의뢰해 오는 분들 중에는 자살 충동을 느끼거나 실제로 그것을 행동으로 옮길 만큼 심각한 경우도 종종 있습니다. 그러나 세상을 떠난 내 동물의 안부를 들을 수 있다면 고통스러운 감정을 내려놓고 삶을 살아갈 힘을 되찾을 수 있을 거예요. 그런 면에서 동물 교감은 최선의 '치유'가 될 수 있습니다.

반려 동물이 떠난 뒤 많은 분들이 "잘해준 것이 없는데……" "나와 함께한 삶이 행복했을까?" "나를 원망하지는 않을까?" "좀 더 빨리 아픈 걸 알았더라면……" 같은 후회와 자책으로 고통스러워합니다. 간혹 원망의 소리를 들을까봐 교감을 나누기가 무섭다는 분들도 있지요. 하지만 떠난 아이들과 교감해 본 결과, 가족을 미워하거나 원망하는 마음으로 가득한 아이는 단 하나도 없었습니다. 투정 섞인 서운함을 털어놓는 경우는 있었지만, 가족들에게 가시 돋친 말을 뱉어내는 동물은 없었어요. 오히려 그간 받은 사랑에 감사하며 가족들을 위로하는 것이 동물이랍니다.

세상을 떠나고 시간이 흐르면 동물들의 육체적인 아픔은 점점 옅어지고, 그들의 에너지는 행복했던 기억과 사랑으로 가득하게 돼요. 그리고 한동안 가족들 곁에 머무르며 계속해서 자신이 곁에 있다는 신호를 보내오기도 합니다.

우리 칸쵸는 살아있을 적에 항상 저의 왼쪽 어깨 주위에서 잠을 잤어요. 떠나는 날에도 그랬습니다. 늘 누워 있던 자리에 누워 숨을 거뒀죠. 칸쵸가 떠난 뒤에 나머지 다섯 고양이 중 누구도 침대에 올라오지 않았어요. 항상 침대에서 잠을 자던 아이들이었는데 며칠간 아무도 침대에 오지 않는 거예요.

어느 날 쥬르에게 물어보니 "침대 위에 칸쵸가 있어요. 저희는 엄마가 칸쵸와 마지막 시간을 보내라고 지켜봐 주는 거예요"라고 말해서 눈물을 쏟은 적이 있답니다. 그리고 잠결에 칸쵸의 부드러운 털을 만지는 경험을 몇 차례 했어요.

실제로 많은 분들이 어디선가 문득 떠난 아이의 오줌 냄새, 입 냄새를 맡거나 잠결에 우는 소리를 듣기도 하고 선반 위에 올려뒀던 멀쩡한 물건이 떨어지는 경험을 하기도 합니다. 물론 펫로스 증후군을 겪는 사람들이 정신적으로 힘든 상황에서 헛것을 보거나 착각하는 거라고 생각할 수도 있지만, 교감을 나눠보면 자신의 존재감을 어필하기 위해 실제로 그렇게 했다는 동물들을 제법 만나볼 수 있습니다.

동물들도 사람과 똑같이 이별이 괴롭고 슬픈데 그 와중에도 가족들을 위로하려 합니다. 그러니 동물들이 죽은 뒤에도 가족 곁에 머무르는 이런 소중한 시간을 슬퍼만 하느라 허비하지 않았으면 좋겠어요. 전하지 못한 이야기가 있다면 계속해서 전해주세요. 사과의 말도 사랑한다는 말도 좋아요. 동물들이 아직 우리 곁에 머무르는 동안 그 마음이 모두 전달될 테니까요.

펫로스 증후군 이겨내는 방법

펫로스 증후군은 반려 동물을 키우는 사람이라면 누구나 겪을 수 있는 일이에요. 사랑하는 존재와의 이별은 누구에게나 힘든 일이니까요. 이런 상황에 놓였을 때 아픔을 쉽게 털어버리기는 힘들지만 좀 더 현명하게 대처하고 이겨낼 수 있는 방법들을 소개해 보려고 해요. 다음은 펫로스 증후군으로 힘들 때 도움이 될 만한 방법들을 제 경험을 토대로 적어본 것입니다. 부디 반려 동물의 죽음으로 힘들어하는 분들에게 도움이 되기를 바랍니다.

상황을 있는 그대로 받아들이고 슬픔을 참지 마세요

모든 일은 상황을 있는 그대로 받아들이고 인지하면서부터 평안해집니다. 물론 아이가 떠난 상황에서 평안함을 느낀다는 것 자체가 미안한 일이라는 것이 엄마들의 마음이지만요. 하지만 적어도 아이가 질병이나 사고로 인해 떠날 수밖에 없었다는 점을 받아들인다면, 내 스스로 부족했다고 자책하는 마음 때문에 아픈 일은 줄어들 거예요.

사랑하는 동물 가족과 이별한 후에 찾아오는 슬픔과 고통은 자연스러운 것입니다. 슬프면 슬픈 대로 감정을 드러내세요. 울고 싶은 만큼 울고 아픈 만큼 아파한 뒤에야 마음의 치유가 시작됩니다. 슬픈 감정들이 쌓여 마음에 응어리로 남으면 덜어내는 데 더 오랜 시간이 걸립니다. 주변 사람들에게 나의 슬픔을 있는 그대로 표출하고 남김없이 비워내세요. 자꾸 이야기하다 보면 슬펐던 일도 행복했던 순간도 모두 소중한 기억으로 남을 거예요.

떠난 아이에게 편지를 쓰세요

일기를 쓰듯이 떠난 동물에게 하루하루 이야기를 전하세요. 추억을 되새기며 울고 웃을 수 있는 내용을 이야기해도 좋고, 오늘 하루 있었던 일들을 말하듯이 적어 내려가도 좋습니다. 이렇게 하는 동안 애틋한 마음이 동물에게 가 닿을 거예요. 여러분의 마음도 한결 편해질 것입니다.

떠난 아이의 이름으로 기부나 봉사를 하세요

떠나간 반려 동물의 이름으로 유기 동물 보호소나 도움이 필요한 동물들에게 기부나 봉사를 하세요. 이런 뜻 깊은 일을 한다는 것만으로도 위로가 될 뿐 아니라 아이와 함께한다는 느낌을 가질 수 있습니다. 또한 내가 다른 동물들에게 나눠준 사랑의 에너지가 떠난 내 아이에게도 좋은 에너지가 되어 전달될 거예요.

펫로스와 사후 교감

동물과의 사후 교감

동물의 시간은 평균 수명으로 계산했을 때 사람의 시간보다 5배 정도 빠르기 때문에 사람의 하루가 동물에겐 5일이나 마찬가지라고 해요. 그렇기에 반려 동물과의 이별은 피해갈 수 없는 일이에요. 저에게도 가슴에 묻은 동물 가족이 셋이나 있습니다. 시간이 아무리 흘러도 이들과 함께했던 시간들, 포근한 체취와 온기가 생생하게 기억납니다.

병으로 시름시름 앓다가 떠나면 이별의 순간을 준비라도 할 수 있지만, 마지막 인사도 나누지 못하고 급작스럽게 세상을 떠나는 경우에는 사람이나 동물이나 말할 수 없는 상실감과 슬픔을 경험하게 됩니다. 반려인들은 사랑하는 나의 동물이 무지개다리를 건넌 뒤의 삶이 어떤지, 이제 더 이상 아프지는 않은지, 가족들이 보고 싶어

울고만 있는 건 아닌지 궁금하고 걱정되지만 알 길이 없으니까요.

저는 동물도 사람도 육체를 벗어나면 그것으로 끝이라고 생각했던 사람이에요. 사후 세계에 대해 전혀 관심이 없었고 알고 싶지도 않았어요. 동물들과 교감을 하기 전까지는요. 그러던 제가 동물 친구들로부터 사후 교감을 통해 전해 들은 이야기들은 정말 신기하고 감동적이었습니다.

사후 교감의 내용이 맞는지 틀리는지는 그 누구도 확신할 수 없지만, 대부분의 동물 교감사들이 어느 정도 비슷한 이야기를 한다는 점은 눈여겨볼 만합니다. 동물 교감을 나눈 뒤 체험해 본 적도 없는 사후 세계를 알아가면서 삶에 대한 무한한 감사와 애정이 샘솟았고 하루하루가 더욱 소중하게 느껴졌어요.

동물들은 사람처럼 앞만 보며 살지 않습니다. 사람들처럼 미래를 위해 투자하거나 저축하지 않고 그저 오늘이 마지막 날인 것처럼 최선을 다해 살아가지요. 그렇기 때문에 이별의 슬픔은 느끼지만 사람처럼 후회와 미련을 오래 남기지 않고 지혜롭게 상황을 받아들인답니다.

간혹 급작스런 죽음을 받아들이지 못하고 방황하는 아이들도 있지만, 이들도 어느 정도 시간이 흐르면 하늘나라로 떠납니다. 보통 이러한 기간을 49일로 봅니다. 이것은 떠난 지 7일마다 재를 올리는 사람 기준의 제사가 아닌, 대략적인 숫자를 의미합니다. 동물들은 사람의 영혼처럼 오래도록 떠돌지 않으므로 굳이 굿이나 천도제 같은 게 필요하진 않습니다. 다만 내 동물이 가는 길을 축복하는 마음으로 기도해 주거나 좋아하는 음식을 차려주는 등 각자 편한 방법으로 기억해 주면 됩니다.

이렇게 사람에 비해 생사에 대한 순응이 빠르다 보니 때로는 사후 교감시에 밝은 모습으로 잘 지내는 동물들을 만나기도 해요. 그래서 아이의 해맑은 모습을 반려인에게 전달해 주면 안도감과 함께 알 수 없는 서운함을 느낀다는 분도 간혹 있답니다.

제가 만나본 사후의 동물들은 대부분 밝은 모습으로 나타나주었습니다. 간혹 떠난 지 얼마 되지 않아 생전의 모습, 상처, 아픔을 가지고 있는 아이도 있고, 가족을 걱정하는 마음과 이별의 아픔 때문에 교감중에 엉엉 우는 아이들도 있기는 합니다. 하지만 떠난 지 좀 시간이 흐른 아이들은 훨씬 초연한 모습을 보여줍니다. 무지개다리를 건넌 다음에는 그곳에서 각자 크고 작은 일들을 맡아 다음 생을 준비한다고 해요. 주로 어린 아기 영혼들을 돌봐주거나 이제 막 가족과 이별해서 슬픔에 가득 찬 다른 동물을 마중 나가는 일, 위로하는 일 등을 하면서 다음 생에 필요한 것을 배워가는 거지요.

환생에 대해서는 종교나 개인적인 신념에 따라 입장이 다를 겁니다. 환생이나 죽음 후의 세계를 믿지 않았던 저는 신기한 경험을 통해 동물들도 사람처럼 환생한다는 것을 믿게 되었습니다. 하지만 사후 세계나 환생에 대한 믿음이 없다면 억지로 받아들일 필요는 없다고 생각해요. 간혹 애니멀 커뮤니케이터 중에서도 사후 교감을 하지 않는 분들이 있으니까요. 다만 진위 여부에 관한 논쟁을 떠나 반려인의 마음과 떠나는 동물의 마음을 위로해 준다는 점에서 사후 교감은 충분히 의미가 있다고 생각해요.

영혼이 몸을 떠났을지라도 고유의 에너지는 그대로 간직하고 있기에 사후 교감은 살아있는 동물과의 교감과 똑같은 방식으로 진행돼요. '애니멀 커뮤니케이터들의 어머니'라고 불리는 영국의 페넬로페 스미스Penelope Smith는 "동물과의 교감은 영혼에서 영혼으로, 마음에서 마음으로, 가슴에서 가슴으로 하는 것(soul to soul, mind to mind, heart to heart)이라고 표현할 수 있으며, 'animal'의 어원인 'anima'는 '영혼, 정신'을 뜻하는 말로 모든 동물은 영혼을 가지고 있다"고 말합니다. 즉 애니멀 커뮤니케이션은 동물과 사람 간의 영혼의 대화라고도 할 수 있습니다.

사후 교감을 흔히 '영혼 교감'이라 부르기도 하지만, '영혼'이라는 단어에서 샤머니즘의 뉘앙스가 느껴진다는 사람들이 많아서 저는 이것을 '사후 교감'이라고 부르고 있습니다. 죽은 존재와의 교감은 이제 막 교감을 시작한 분들에게는 힘든 작업임에 틀림없어요. 따라서 사후 교감은 살아있는 동물들과의 교감이 정확해지고 자신감이 생긴 뒤 시작하기를 권합니다.

밍밍이는 온통 형님 걱정뿐

밍밍이 보호자를 처음 만난 곳은 2014년 춘천의 한 대학에서 열린 반려 동물 축제 현장이었습니다. 밍밍이 보호자는 몇 달 전 밍밍이를 잃고 펫로스 증후군에 시달리고 있었습니다. 그는 사랑하는 밍밍이가 떠난 뒤 혼자 남은 푸푸라는 고양이와의 교감 상담과 밍밍이의 사후 교감을 저에게 의뢰해 왔습니다.

몸이 많이 아픈 밍밍이는 살아생전 자기에게 억지로 약을 먹여야 하는 형님의 마음을 이해하고 잘 먹어주는 착한 아이였어요. 그런데 사후 교감을 나누던 중 밍밍이에게서 형님의 목 건강이 걱정이라는 이야기를 들었습니다. 이는 반려인에게 사전에 전해 듣지 못한 내용이었어요. 형님에게 목 건강은 괜찮은지 물어보자 깜짝 놀라며 과거 성대 결절이 있었다고 했습니다.

밍밍이는 형님이 자기 때문에 더 이상 슬퍼하지 말고 푸푸와 함께 건강을 챙기며 살길 바란다고 말했어요. 밍밍이가 떠나고 그 슬픔을 술로 달래던 형님은 밍밍이 얘기를 전해 듣고는 건강을 잘 돌보겠다고 약속했습니다. 서로를 위하는 마음이 끈끈한 밍밍이와 형님을 보며 저도 함께 눈물을 흘렸던 기억이 납니다. 다음은 사후 교감 후 밍밍이 형님이 보내온 메일의 일부입니다.

"다음 주면 밍밍이가 별이 된 지 벌써 1년이 됩니다. 요즘도 매일 밍밍이가 잠들어 있는 곳에 가서 한 번씩 땅이라도 쓰다듬고 오네요. 사후 교감 후에 많은 위로를 받았지만 여전히 많이 보고 싶고 눈물이 납니다. 제 방 창문에서 잘 보이는 곳에 묻어주었는데 밤이 되면 괜히 불안해져 작년엔 무덤 옆에 가로등을 하나 설치했습니다.

올해 초 편도선에 심하게 염증이 났어요. 병원에 가서 주사를 맞고 약을 먹어도 낫지 않아 다른 병원으로 옮기기를 몇 번이나 반복했지요. 그렇게 꼬박 누워만 지내다가 3주가 지날 때쯤 꿈을 하나 꾸었어요. 밍밍이가 떠난 뒤 한 번도 꿈에 나온 적이 없는데 그날은 옆에서 그냥 저를 지켜보는 거예요. 그러더니 뒤돌아서 제 방 공중에 난 계단을 천천히 올라가더라고요. 밍밍이는 몇 번을 뒤돌아보고 저한테 뭐라 얘기를 하더니 사라졌어요. 그리고 꿈에서 깼는데 신기하게도 하루 만에 편도선이 가라앉고 아픈 게 싹 사라졌어요. 물론 그동안 치료받고 약 먹은 효과가 나타난 거라고 생각할 수도 있겠지만 정말 기분 좋은 경험이었어요. 그 꿈을 꾸고 일어나니 가슴이 뭉클했어요. 그 느낌을 잃기 싫어서 한참 동안 누워 있었네요. 밍밍이가 저를 지켜준다는 말이 사실인가 봐요."

반려 동물의 가족 사랑에는 조건이 없습니다. 경제적 여유가 없어 값싼 사료를 먹거나 그마저도 해주지 못해 굶길지라도 동물들은 오직 가족만 바라보고 가족만 사랑합니다. 설사 가족의 실수로 죽어 별이 되었다 해도 가족을 미워하거나 원망하지 않습니다. 갑작스런 이별마저도 이내 운명으로 받아들이고 오히려 슬퍼할 가족을 걱정하는 것이 우리 동물들입니다.

그래도 사랑해

진돗개 백구는 갓 세 살이 된 건강한 아이였어요. 백구 누나는 생활이 넉넉하지 못해 넓은 집이 아닌 원룸에서 반려할 수밖에 없는 것을 항상 미안하게 여겼다고 합니다. 주말이면 누나와 함께 여기저기 돌아다니는 것이 백구에게는 큰 즐거움이었어요. 백구는 누나가 자전거를 타면 줄을 자전거에 연결해서 옆에서 속도를 맞춰 달리곤 했지요.

그러던 어느 날이었어요. 그날은 자전거가 아닌 남자친구의 오토바이에 아이를 연결해서 달리게 해주었지요. 그런 경험이 전에도 몇 번 있었기 때문에 누나는 백구가 그렇게 신나게 달리는 걸 좋아하는 줄만 알았다고 해요. 빠른 속도로 달리는 것도 아니어서 무리가 없을 거라 생각한 거지요. 하지만 운명은 야속하기만 했어요.

한참 오토바이로 산책을 한 뒤 갑자기 백구가 호흡 곤란을 일으키며 주저앉았다고 합니다. 누나는 숨이 차서 그런 거라 생각하고 집으로 데려와서 물을 먹이고 쉬도록 해주었지요. 그런데 백구는 잠시 경련을 일으키더니 그 자리에서 숨을 거두었다고 합니다. 누나는 무지한 자신 때문에 백구가 그리 되었다며 자책감으로 지옥 같은 하루하루를 살고 있다고 했어요. 백구를 위해 열심히 일했고 주변에 큰 산책길이 있는 좀 더 넓은 집으로 이사할 계획까지 있었는데 그렇게 되고 나니 무척 고통스러워했습니다.

별이 된 백구와 교감을 나누게 되었습니다. 백구는 아주 밝고 평온한 모습으로 나타났어요. 하얀 천사 같은 모습을 하고 온 백구는 마음의 짐을 다 내려놓은 것 같았답니다. 백구는 누나와 작은 침대에 서로 기대 앉아 텔레비전을 보면서 누나가 두 손으로 자신의 얼굴을 감싸쥐며 뽀뽀해 주는 모습을 보여주었어요. 그러면서 행복했다고, 누나는 아무 잘못이 없다고, 이제 그만 울라고 전해달라고 했어요. 그리고 누나에게 새로운 동물과의 인연이 다가올 텐데 자기가 보낸 선물이라 생각하고 더 이상 슬퍼하지 않았으면 좋겠다는 이야기도 했지요. 누나는 엉엉 소리 내어 울었습니다.

"백구야, 미안해. 미안해……"

동물들이 언제까지나 우리 곁에 있어줄 것 같지만 운명은 무심하기만 하답니다. "돈 벌면 더 잘해줄게. 새 직장을 구하면 좀 더 잘해줄게"라고 하기보다는, 부족할지라도 지금 이 순간을 소중하게 보내세요. 여러분이 지금 어떤 상황이건 동물들은 "그래도 사랑해요"라고 말하니까요. 후회가 남지 않도록 하루하루 최선을 다해 사랑하세요. 만약 실수로 아이를 보냈다면 떠나는 길이 슬프지 않도록 자책하는 마음을 조금이라도 더 빨리 덜어냈으면 좋겠습니다.

별이 된 아이들의 사후 세계

동물들은 육체를 벗어나면 순수한 에너지 상태로 돌아갑니다. 마치 밝은 빛 덩어리처럼 보이는 그들의 영혼은 우리가 교감을 통해 이름을 불러줄 때 살아있을 때의 모습 그대로 나타나기도 하고 때로는 곧 태어날 모습과 가까워진 모습으로 나타나기도 해요. 순리를 받아들인 아이일수록 아팠던 기억을 빨리 내려놓고 살아있을 때의 가장 빛나던 모습으로 나타나 준답니다. 삶을 내려놓은 뒤에는 육체의 아픔이나 고통으로부터도 자유로워져요. 떠난 지 얼마 지나지 않은 아이인 경우 지병이나 사고의 생생한 고통의 기억을 가지고 있기는 해도, 그것은 기억의 잔상일 뿐 현재는 매우 평안한 상태를 보입니다.

반려 동물을 떠나보낸 많은 반려인들이 묻습니다.

"우리 아이가 언제 가장 행복했을까요?"

사후 교감을 해보면 동물들은 엄마 품에 안겨 숨소리를 들으며 편히 잘 때, 엄마가 배를 만져줄 때, 함께 산책을 가서 뛰어놀 때, 장난감을 물고 오는 놀이 등을 할 때 같은 일상의 소소한 장면들을 보여줍니다. 그런 사소한 일상의 행복이 오래오래 기억에 남기 때문입니다. 돈이 없어도, 좋은 것이나 비싼 것을 사주지 못해도 괜찮습니다. 그저 매 순간 최선을 다해 사랑을 쏟아주세요. 동물들에게는 그게 가장 큰 행복이니까요.

반려 동물이 떠나고 나면 남은 육체를 어떻게 할 것인지 고민하는 반려인들이 많습니다. 개인적으로는 자연으로 돌려보내는 것이 가장 좋다고 생각하지만, 도심에서 반려 동물을 묻는 것은 법으로 금하고 있습니다. 간혹 이렇게 저렇게 해달라 요구하는 동물 아이들이 있기도 하지만, 대부분은 자기를 기억해 줄 수 있다면 뭐든 좋다고 합니다. 많은 분들이 화장을 선택하고 분골을 산책길에 뿌려주거나 방부 처리가 된 보관함에 넣어 머리맡에 두기도 합니다.

저도 2012년 겨울에 떠난 칸쵸의 분골을 그렇게 보관하고 있습니다. 간혹 분골을 가지고 돌을 만들거나 외국의 사례처럼 박제를 하는 분들도 있습니다만, 이는 멀리 봤을 때 동물들이 다음 생을 준비하는 것을 지체시킬 수도 있다는 생각이 듭니다. 제가 만난 아이 중에는 가보고 싶었던 장소에 뿌려달라고 하는 아이도 있었고, 엄마가 유골함을 쓰다듬으면 그 사랑의 느낌이 하늘나라까지 전해지니 자주 쓰다듬어 달라는 아이도 있었어요. 유골함을 버리지 말고 간직해 달라고, 그 에너지를 따라 다시 가족의 품으로 환생하겠다고 말하는 아이도 있었고요. 하지만 모든 아이들이 그런 것은 아니랍니다.

동물의 환생은 말도 안 되는 이야기라며 믿지 않는 사람들이 많지만, 반대로 다시 만나기를 간절히 바라는 반려인의 입장에서는 더없이 믿고 싶어지는 이야기이기도 할 것입니다. 앞에서도 말했지만,

저 역시 동물과의 교감이 불가능하던 때에는 이것이 말도 안 되는 이야기라고 생각했지요. 그런데 다시 돌아온다고 약속하는 동물들, 돌아왔다고 신호를 보내는 동물들을 여럿 만나면서 그런 관념은 깨져버렸어요.

인터넷에 올라와 있는 수많은 동물 교감 후기 중에도 다시 돌아온 동물에 대한 언급을 찾아볼 수 있어요. 듣고 또 들어도 신기하고 감격스럽기만 합니다. 이런 이야기는 동물과 이별한 모든 반려인이 꿈꾸는 상황이기도 하다 보니 수많은 교감 사례 중 유독 더 부각되는 것 같아요.

그런 간절한 희망을 무너뜨리고 싶지는 않지만 이런 일들은 사실 손에 꼽을 만큼 드물어요. 그러나 반려 동물과 이번 생에 다시 만나지는 못하더라도, 우린 그저 죽은 동물이 어디에서 어떤 모습으로 다시 태어나도 행복하기를 기도해 주면 된답니다. 환생에 지나치게 집착하거나 다시 만날 때만을 바라보며 시간을 보내는 것은 반려 동물도 원치 않을 거예요. 엄마가 씩씩하게 아이 앞에 펼쳐질 낯선 여정을 축복해 주는 것보다 더 큰 응원이 또 있을까요?

우리 다시 만날 수 있을까?

이미 말했다시피 반려 동물이 환생을 통해 우리 곁에 돌아오는 일은 흔한 일은 아니지만 아주 없는 일도 아니랍니다. 동물들은 스스로 가족의 품으로 돌아오기도 하지만 선물처럼 다른 친구를 보내주기도 합니다. 그렇게 자신의 빈자리로 인해 슬퍼할 가족들을 보듬는 것이죠.

고마워 케이

노견 케이는 나이가 열아홉 살이나 된 할아버지 강아지였어요. 케이의 누나는 중학생 때 케이를 만나 30대가 될 때까지 인생의 반 이상을 케이와 함께했습니다. 케이는 동생이었다가 친구였다가 오빠였다가 때로는 아빠 같은 모습으로 그렇게 누나와 함께 나이가 들어갔어요. 실제로 동물들도 나이가 들어가면서 점점 더 성숙해지고, 애교와 즐거움을 선사하던 어린 시절과 달리 가족을 지키는 듬직한 모습으로 성장해 나갑니다. 이렇게 유년기를 반려 동물과 함께한 분들의 유대감은 말로 표현하기 힘들 정도랍니다.

그런 케이가 노환으로 여기저기가 아프면서 누나는 케이와 지내는 하루하루가 소중해졌습니다. 백내장으로 앞이 거의 안 보이는 케이를 유모차에 태워 산책 나가고 휴일엔 드라이브를 했습니다. 매일 매일 사진을 찍었고 최선을 다해 사랑했어요. 하지만 세월 앞에 이 귀여운 녀석도 어쩔 수 없었죠. 온몸에 종양을 달고 케이는 세상을 떠났습니다.

사후 교감을 통해 만난 케이는 오랜 시간 마음의 준비를 해온 듯 편안하고 여유로운 모습이었어요. 몸도 아프지 않고 눈도 잘 보이니 슬퍼하지 말라고 누나를 다독거려주었습니다. 케이가 바라는 것은 자기의 유품을 정리해서 필요한 곳에 나눠주는 것이었어요. 누나가 자기 물건을 바라보며 계속해서 슬퍼하는 것을 원치 않는다고 했지요. 어쩌면 좀 서운하게 들렸을 수도 있지만 누나는 이 부탁을 받아들였습니다.

케이는 누나에게 새로운 친구가 나타날 거라며 자기가 보내주는 선물이라고 했어요. 하지만 어떤 방법으로 어떻게 만나게 될지는 알수 없었지요. 사후 교감이 끝나고 누나는 케이의 물건을 정리해서 유기견 보호소에 기부했습니다. 이 일이 인연이 되어 유기견 보호소를 방문하게 되었고, 그곳에서 가슴을 울리는 운명 같은 아이를 만나게 되어 입양을 했습니다. 새로 온 아이는 케이와 너무나 비슷했어요. 의젓하고 착한 성품을 가진 아이였지요. 후에 우리는 교감 당시 좋은 곳에 자기 물건을 보내주라던 케이의 말이 새로운 친구를 만나게 해주려는 계획이었다며 웃었습니다.

돌아온 칸쵸

너무나 사랑했던 내 고양이 칸쵸는 2012년 12월, 고양이에게는 사형 선고와도 같은 복막염 진단을 받았어요. 하지만 기적같이 이겨내고 한동안 정상적인 생활을 했습니다. 모든 것이 예전처럼 돌아가고 있다고 생각할 즈음 멀쩡히 잘 지내던 칸쵸가 갑자기 세상을 떠났죠.

앞서 출간된 저의 책《애니멀 레이키》에서 칸쵸가 저를 어떻게 애니멀 힐러의 길로 이끌었는지 이야기한 적이 있어요. 세상을 떠난 뒤 칸쵸가 교감을 통해 제게 이렇게 말했어요.

"복막염을 이겨내는 데 엄마의 힐링이 큰 도움이 되었어요. 엄마가 힐러의 삶을 살았으면 좋겠어요."

칸쵸는 다시 돌아오겠다고 약속하고 밝은 얼굴로 떠났습니다. 언제 어떤 모습으로 만나게 될지 알 수 없었지만, 인연이 이끌어 칸쵸가 돌아온다면 억지로 애쓰지 않아도 알아볼 수 있을 거라 생각했기 때문에 담담히 칸쵸를 보내주었습니다. 교감을 나눌 수 있어서인지 그전에 겪었던 다른 이별들에 비해 좀 더 수월하게 칸쵸를 놓아줄 수 있었지요.

그렇게 1년여 시간이 흐른 어느 날 선명한 꿈을 하나 꾸었어요. 그동안 수많은 품종의 고양이들을 상담했지만 한 번도 본 적 없는 사자같이 멋진 러프를 가진 큰 고양이를 보았고, 본능적으로 칸쵸라는 느낌을 받았습니다. 꿈속에서 "칸쵸야, 우리 칸쵸"라고 부르며 그 이름 모를 고양이를 쫓아다녔어요. 저는 이 꿈이 칸쵸가 돌아올 때가 되었음을 알려주는 신호라고 확신했어요.

그 꿈을 꾼 뒤 인터넷 검색을 통해 그런 모습의 고양이가 메인쿤이라는 품종임을 알게 되었어요. 메인쿤은 국내에서 흔치 않은 종이라 분양가가 높고 전문 브리더(외국 품종의 동물들을 건강한 환경에서 키워 교배하고 분양을 하는 전문가)를 통해서만 만날 수 있습니다. 저는 칸쵸가 이런 품종의 고양이로 돌아온다는 것이 의아했어요. 제가 지금 반려하는 아이들이 모두 길에서 구조한 아이들이고, 지금도 여기저기 입양을 기다리는 불쌍한 아이들이 너무나 많은데 비싼 값을 주고 가족을 늘리는 일은 저의 신념과 맞지 않기 때문입니다. 하지만 꿈에서 본 그 멋진 자태에 홀딱 반한 뒤 메인쿤은 저의 로망이 되었고, 지인들에게 언젠가 메인쿤을 키워보고 싶다고 말하고 다니게 되었지요.

그러던 어느 날 제 수업을 듣는 학생 한 명한테서 다급한 연락이 왔습니다. 아는 이웃이 유기묘의 입양처를 구한다는 내용을 블로그에 올렸는데 이 고양이가 다름 아닌 메인쿤이었던 것입니다. 메인쿤을 유기했다니 도저히 믿을 수가 없어 곧바로 해당 블로그에서 그 아이의 사진을 확인했습니다. 그 순간 온몸에 소름이 돋았습니다. 틀림없는 우리 칸쵸였습니다!

동물들이 다른 육체로 환생하더라도 그 에너지만은 전생의 에너지와 비슷하거나 같습니다. 저는 특히 동물의 눈에서 나오는 에너지로 그것을 확인하는데, 이 아이의 눈빛을 마주하는 순간 제 머리보다도 가슴이 먼저 쿵쾅댔지요. 하지만 아무래도 사심이 들어갈 수 있기에 친분이 있는 다른 동물 교감사들에게 칸쵸가 맞는지 확인해 달라고 부탁했습니다. 모두가 깜짝 놀라며 칸쵸가 맞는 것 같다고 했어요.

그러는 사이 반나절이 흘렀고 입양 의지를 밝혔을 때는 이미 다른 분께 입양이 확정되었다는 소식을 들어야 했습니다. 가슴이 내려 앉고 현기증이 나면서 눈물이 쏟아졌습니다. 꼭 저에게 주시면 안 되겠느냐고 눈물로 호소했지만 소용없었어요. 더 이상 안 될 것 같다는 생각이 들 때에야 비로소 이번 생에는 우리에게 시간이 주어지지 않았다는 사실을 받아들이게 되었습니다. 그렇게 칸쵸를 다시 한 번 놓아줘야 했고, 입양 간 곳에서 사랑받으며 잘 지내고 있다는 얘기를 전해 들은 뒤 더 이상 칸쵸를 찾지 않았습니다.

가슴이 아팠지만 그저 돌아왔다는 신호를 보내준 것만으로도 고마웠습니다. 사랑받으며 행복하게 지낼 수 있다면 저는 그것으로 충분합니다. 다음 생에 또 다른 모습으로 다시 만날 것을 믿으니까요. 인연이란 맞물린 톱니바퀴와도 같아서 꼭 다음 생이 아니더라도 그 다음 생에라도 언젠가는 다시 만날 것입니다.

너에게 보내는 이야기

반려 동물이 우리 곁을 떠나고 나면 못다 한 이야기들이 마음에
남아 더 괴롭고 힘이 듭니다. 하지만 동물들은 육체적으로 우리 곁
을 떠난 후에도 한동안 주위에 남아 있습니다. 우리가 미처 깨닫지
못한 순간에도 동물들은 계속해서 곁에 머물고 있다는 신호를 보내
오니 못해준 이야기가 있다면 이때 전달해 보세요.

순이를 떠나보낸 뒤 순이 엄마는 너무나도 큰 상실감에 고통스러
워했어요. 눈도 못 뜨던 아기 시절에 와서 열일곱 살로 삶을 마감할
때까지 순이는 늘 엄마와 함께였습니다. 20대, 30대를 모두 순이와
함께 보낸 엄마에게 순이는 가장 친한 친구이자 소중한 가족이었어
요. 이렇게 오랜 시간 함께하면 반려 동물과 가족 간에 유대감이 클
수밖에 없습니다. 눈빛만 봐도 서로의 마음을 다 알지요.

그렇게 늘 함께였던 순이가 암 선고를 받았습니다. 어느 날 엄마

는 떨어지지 않는 발길을 돌려 출근을 했습니다. 그리고 바로 그날 엄마가 없을 때 순이는 떠났습니다. 순이는 엄마가 올 때까지 아픈 몸과 정신을 붙들려고 안간힘을 썼어요. 하지만 엄마가 돌아오기 한두 시간 전에 더 이상은 버티기 힘든 삶을 내려놓았지요. 엄마는 순이를 홀로 떠나게 한 자신을 용서하기 힘들었습니다. 이런 엄마의 슬픔과 죄책감을 순이도 곁에서 고스란히 느끼고 있었어요.

순이는 그런 엄마에게 이렇게 말했어요.

"내가 더 기다리지 못해서 미안해요……"

순이는 저에게 엄마 머리맡에 있는 자신의 나무 유골함을 쓰다듬으며 자기에게 하고 싶은 얘기를 전하면 들을 수 있다고 했어요. 이 이야기를 전해주니 엄마가 울면서 말했어요.

"정말로 순이의 나무 유골함을 머리맡에 두고 매일 쓰다듬고 있었어요."

그때부터 엄마는 순이에게 못다 한 이야기를 유골함을 쓰다듬으며 전했습니다. 그때마다 떠나기 전 순이 몸에서 나던 냄새가 주변을 맴돌고 맛있는 것을 원할 때 낑낑대던 소리가 들려왔다고 해요. 그렇게 엄마는 순이가 곁에 머무르는 것을 느끼며 마음을 추스르고, 전하고 싶은 이야기를 모두 전한 다음 순이를 보내줄 수 있었습니다.

우리 곁을 떠난 반려 동물을 느끼고 이들과 교감을 나눌 수 있는 방법은 많습니다. 앞에서도 언급했지만 함께했던 시간을 떠올리며 편지를 쓰거나 사진을 보면서 말을 해도 좋아요. 그런 모습을 보고 들으면서 동물들은 무겁지 않은 발걸음으로 하늘나라로 향할 수 있답니다.

아래 글들은 떠난 아기들에게 전하는 반려인들의 편지입니다. 교감을 통해서 아이들에게 이 내용을 전해주었는데, 그들의 애틋한 감정을 여러분들과 함께 나누고 싶어서 여기 옮겨봅니다.

"아파서 매일 주사 놓고 약 먹이고 싫어하는 것 해서 미안해. 그게 최선의 길이라고 생각했어. 조금이라도 덜 아프게 해주고 싶었어. 지금은 만질 수도 없고 볼 수도 없지만 항상 내 옆에 있다고 생각할게. 사랑한다. 알고 있지? 아직도 네가 없다는 게 실감이 안 나. 사랑한다. 내 평생에 프랭이처럼 사랑한 아이는 없을 거야. 이제 안 아프니까, 안 아파도 되니까…… 그걸로 위안삼아도 되겠지?"

"달래야! 엄마가 너를 정말 많이 사랑해. 너를 잊지 않을 거야. 많이 그리울 거고 많이 보고 싶을 거야. 더 잘해주지 못해서 미안하고 아픈 걸 제때 알아주지 못해서 미안해! 낯설고 무서운 병원에 너를 혼자 둔 것도 정말 미안해. 너의 고통을 덜어주지 못해서, 지켜보는 것 말고는 아무것도 해주질 못해서 너무 미안해. 엄마가 지켜보는 중에 무지개다리를 건너줘서 정말 감사해. 엄마는 영혼이 존재한다는 걸 알고 있단다. 우리 달래가 다시 태어나면 엄마한테 꼭 다시 와주었으면 좋겠어.

너는 엄마에게 최고의 고양이였고, 모든 고양이는 사랑이라는 걸 알게 해준 고맙고 사랑스런 아이였어. 네가 갑작스럽게 떠난 뒤에야 더없이 소중한 존재였다는 걸 깨닫고 가슴 아픈 시간을 보내고 있단다. 내 고양이 달래야! 엄만 저 우주만큼 달래를 사랑해! 달래야, 사랑해! 꼭 다시 만나자! 엄마가 기다리고 있을게!"

"산아, 엄마 아들!!! 보고 싶다. 처음 왔을 때, 샤샤가 처음 왔을 때와는 사뭇 다른 네 행동에 겁을 먹어 가족으로 받아들일 수 있을지 고민했던 시간들이 참 미안하다. 두렵고 낯선 환경 속에서도 조금씩 마음을 열어주던 산이, 처음 엄마 가슴에 올라오던 수줍은 네 발길과 표정을 잊을 수가 없구나!! 잘 견뎌주고 이겨내리라 생각했는데 엄마 욕심이 너를 힘들게 한 건 아닌지 후회 아닌 후회도 해본다. 산아, 사랑한다. 고롱고롱 불러주던 네 노래도 듣고 싶고 힘차게 꼬리치던 그 모습도 느끼고 싶다. 이름만 되새겨도 마음이 울컥해 맘대로 사진도 못 열어보는 엄마가 온전히 너를 보내지 못해 가는 걸음 잡을까 걱정도 되지만 다시 네게 손을 내밀어본다."

"사랑하는 푸푸야, 갑자기 그렇게 떠나버리니 매일매일 네가 너무 그립다. 너를 안고 있을 때 너의 체온과 냄새, 감촉, 목소리, 모든 게 잊히지가 않아. 아직도 방문을 열면 네가 그 자리에서 나를 기다리는 것 같고, 가끔 자다가 네가 옆에 있는 거 같아서 깜짝깜짝 놀라서 일어나기도 해. 네가 떠난 걸 실감하기가 싫어서 밥그릇엔 사료도 그대로고 모든 게 다 제자리에 있단다. 눈에만 안 보일 뿐이지 함께 있다고 생각하고 싶어서.

형이 참 속상하고 아쉬운 건, 앞으로 너와 행복하게 살려고 머릿속으로 너랑 함께 할 일들을 하나하나씩 계획하고 있었는데 그걸 하지 못하게 된 거야. 예전처럼 같이 산책도 다니고, 자동차로 드라이브도 가고, 너에게 사주고 싶은 것도 많았는데, 이젠 아무것도 할 수가 없잖아.

앞으로 결혼도 하고 아이도 낳으면 너에게 소개도 시켜주고, 모든 가족이 너와 함께 화목하게 사는 상상을 자주 했었는데, 그럴 수 없다는 게 너무 아쉽다. 내 삶의 큰 부분을 차지하고 있던 네가 없으니 공허함이 이루 말할 수가 없구나. 진즉에 더 잘해줄 걸 하는 후회만 들고 미안하기만 하단다. 내 수명을 나누어줄 수만 있다면 그렇게 해서라도 너와 함께하고 싶어.

지난 11년간 너로 인해 웃는 날이 너무도 많았고 너와 밍밍이 덕분에 힘든 날들을 잘 이겨냈던 거 같아. 내 곁에서 힘이 되어줘서 정말 고마워. 넌 나에겐 친구이자 아들 같은 존재였어. 몸은 떨어져 있어도 마음은 항상 같이할 테니까 너도 마음만은 내 곁을 떠나지 마. 다시 만나는 그날까지 잘 지내. 형이 많이 사랑해."

안락사

이 책을 쓰고 있는 동안에도 저와 오랜 시간 알고 지낸 지인의 노견 두 아이가 별이 되었습니다. 오랜 지병을 가지고 숨만 쉬듯 살아가던 시츄와 비글 두 아이는 마지막까지도 삶의 의지를 불태우며 자신에게 주어진 시간을 최선을 다해 살아냈습니다. 떠나기 직전에는 진통제로도 멈출 수 없던 고통 때문에 비명을 질러댔고, 이런 모습을 지켜보던 가족들은 편하게 보내줘야 하지 않을까 고민에 빠지게 되었습니다.

다른 많은 분들도 함께 키우던 동물이 마지막 순간 이렇게 고통스러워하면 그만 보내줘야 하는 것 아니냐며 물어봐 달라고 저에게 요청하곤 합니다. 그럴 때마다 대답하기가 정말 힘이 듭니다. 저는 기본적으로 몇몇 특별한 경우가 아닌 이상 안락사를 반대하는 입장입니다. 지금도 꽤 많은 반려인들이 더 이상 의학적으로 할 수 있는 것이 없다는 이야기를 들으면 힘겹게 안락사를 결정합니다. 물론 동물의 고통을 줄여주기 위해 내리는 선택이겠지만, 만약 안락사를 시켜야 할지 아닐지 기로에 서 있다면 상황을 정확하게 파악하고 좀 더 신중히 결정했으면 좋겠어요.

우선 나의 동물이 어떤 통증 때문에 괴로워하는지 살펴봐야 합니다. 대부분의 동물은 인간이 상상할 수 없을 만큼 인내심이 강합니다. 전에 한 수의사로부터 들은 얘기는 정말 놀라웠습니다. 여러 상황상 어쩔 수 없이 마취 없이 수술하는 경우가 있는데 이마저 참아내는 아이들이 있다고 합니다. 야생에서는 아픔이 곧 약함을 의미하기에 많은 동물들이 아픈 것을 감추고 살아가지요.

하지만 동물들도 참을 수 없을 만큼 아플 때는 티를 냅니다. 병원에서 하루 이틀 안으로 떠날 것 같다는 진단을 내리더라도 아이가 고통을 호소하고 있지 않다면, 약물 치료로 좀 더 버틸 수 있는 상황이라면, 스스로 삶을 마감할 준비를 하도록 곁을 지켜주세요. 괜찮다고, 엄만 잘 이겨낼 테니 용기 내 떠나라고 위로해 주세요. 남은 가족의 슬픔이 걱정되어 삶을 내려놓지 못하는 동물들에게는 이러한 위로가 큰 용기가 된답니다.

물론 아이가 고통 속에 몸부림치는데도 안락사는 절대 안 된다고 버티는 것은 반려인의 욕심일 수 있습니다. 그러나 삶을 스스로 정리할 기회를 주지 않고 안락사로 마감하게 하는 것도 인간의 이기심에서 나온 행동일 수 있지요. 너무 쉽게 안락사를 결정하는 사람들이나 절대 안 된다며 끝까지 버티고 있는 반려인 어느 쪽이든 교감을 통해 동물들의 상태를 점검하고 그들의 의사를 듣는다면 결정하는 데 도움을 받을 수 있어요. 물론 어떤 동물 교감사도 보호자에게 선택을 강요할 수 없고, 해서도 안 됩니다. 중요한 사항인 만큼 선택은 온전히 가족의 몫이니까요.

저의 반려견 워리어는 새로 이사한 집의 마룻바닥에서 미끄러져 뇌진탕이 왔습니다. 급하게 입원 치료를 하여 다행히 상태는 호전되었지만 한 달 후 갑작스럽게 발작 증세를 일으키며 한 방향으로 계속해서 돌기 시작했어요. 혀를 길게 빼고 숨도 제대로 쉬지 못한 채 호흡 곤란을 일으키는 워리어를 들쳐 안고 저는 동물 병원으로 달려갔습니다.

의사 선생님은 이런 증상이 잦아지면 예후가 좋지 않다고 했어요. 진정제를 통해 잠을 재워 발작이 오는 간격을 좀 떨어뜨릴 수는 있다고 했습니다. 진정제를 맞고 온 워리어는 아기처럼 잠들었다가 깨어나면 다시금 발작을 일으켰어요. 처음에는 4~5시간에 한 번씩이던 발작이 사흘 새 한 시간에 한 번, 10분에 한 번으로 잦아졌지요. 끝내는 발작이 멈추지 않아 숨쉬기조차 힘들어졌어요. 인공 호흡을 해주어도 소용없었습니다.

경험해 본 분들은 아시겠지만 동물들이 발작을 일으키면 반려인도 침착해지기가 어렵습니다. 하지만 같이 동요하고 불안해하면 워리어가 더 힘들 것 같아 애써 차분한 척하며 안심시켜 주려고 노력했어요. 그리고 이제 그만 괴로워하고 떠나라고, 엄마는 준비가 되었다고 말해주었습니다. 워리어는 더욱 고통스러운 모습을 보이기 시작했고, 1초도 멈추지 않고 계속해서 발작을 일으키며 늑대처럼 하울링을 했습니다.

저는 워리어가 떠날 때가 되었음을 직감했습니다. 더 이상 미련하게 붙들고 있을 수가 없어 아침 해가 밝는 대로 동물 병원에 데려가 워리어를 편히 잠들게 했습니다. 제 품에서 마지막 있는 힘을 다해 '껑!' 하고 짖은 뒤 이내 늘어진 워리어는 고통 없이 편안해 보였습니다. 웃는 듯 올라간 입꼬리에 아기 같은 표정으로 워리어는 제 곁을 떠났습니다.

워리어를 그렇게 보내준 것을 저는 한 번도 후회한 적이 없습니다. 더 이상 나아질 가능성이 없을 때, 고통에 몸부림칠 때, 그 고통을 줄여줄 방법이 없을 때는 안락사를 선택할 수밖에 없습니다. 하지만 그 전까지는 한 달을 더 살든 6개월을 더 살든 비록 해줄 수 있는 것이 없어서 마음 아프고 불쌍하더라도 스스로 삶을 내려놓을 수 있도록 시간을 주세요.

실제로 동물 병원에서 3개월 시한부 선고를 받고 1년을 더 살아가는 아이들도 많습니다. 물론 맛있는 것도 못 먹고 숨만 쉬는 게 사는 거냐고 묻는 분들도 있겠지만, 그런 삶 또한 소중하기는 마찬가지랍니다. 그 시간을 소중히 여겨주세요. 더 많은 추억을 만들 수 있는 시간입니다. 두고두고 후회하지 않을 결정을 내리시기 바랍니다. 그리고 어떤 결정에도 자책하지 말기를 바랍니다. 그것이 떠난 아이들이 바라는 바일 테니까요.

7.

애니멀 커뮤니케이터가 되고 싶은가요?

애니멀 커뮤니케이터가 되고 싶은 분들에게

2009년, 애니멀 커뮤니케이터 하이디를 통해 우리나라에 동물 교감이 알려지기 전까지 국내에는 전문 동물 교감사가 거의 없었습니다. 2011년 이후 동물 교감사들이 배출되어 왕성히 활동하기 시작하면서 매스컴이나 온라인을 통해 널리 알려지게 되었지요. 100여 년의 역사를 가진 서양의 애니멀 커뮤니케이션에 비한다면 출발선을 떠난 지 얼마 되지 않은 셈이죠.

짧은 시간 동안 많은 교감사들이 배출되다 보니 반려인에게 상처를 주거나 애니멀 커뮤니케이션에 대한 불신을 심어주는 일도 자주 발생했습니다. 저 또한 처음 이 활동을 시작했을 때 교감 과정에서 겪는 일들에 대한 궁금증과 주의점에 대해 제대로 안내해 줄 선생님이 없어 많은 시행착오를 겪어야 했어요. 갈증과 답답함을 해소하기 위해 외국의 사이트를 찾아보기도 하고 다양한 사례들을 살펴보기도 하면서 많은 시간을 보냈습니다. 그 후로 애니멀 커뮤니케이터가 되고자 하는 입문자들이 내가 겪었던 이런 시행착오들을 되풀이하지 않도록 강의를 시작하게 되었습니다.

애니멀 커뮤니케이터는 동물과의 교감뿐 아니라 반려인과 동물의 소통을 도와주는 다리 역할 또한 잘해야 합니다. 그러려면 열린 마음과 남을 보듬을 줄 아는 따뜻한 성품을 가져야 하겠지요. 부정적인 시각으로만 세상을 바라보거나 남의 이야기는 들으려 하지 않는 사람, 평정심을 유지하지 못하는 사람은 상담사 역할을 수행하기가 힘듭니다. 따라서 전문가로 활동하려면 충분한 감정 조절 훈련이 필요하답니다.

물론 처음부터 감정 조절이 잘되는 사람은 드뭅니다. 하지만 연습과 경험이 쌓이다 보면 누구나 조금씩 자기 감정을 조절해 나갈 수 있습니다. 미국의 유명한 애니멀 커뮤니케이터 마타 윌리엄스Marta Williams는 자신의 책《동물은 답을 알고 있다》의 에필로그에서 이렇게 말합니다.

"직관의 커뮤니케이션을 통해 동물과 대화하는 법을 배우는 사람은 돌아올 수 없는 다리를 건너게 되는 셈이다. 그의 의식은 완전히 바뀐다. 동물과 자연과 대화하는 법을 배우는 과정에서 많은 사람들이 직업을 바꾸고, 직관의 커뮤니케이션을 인정하지 않으려는 배우자와 헤어지고, 평생을 동물과 지구의 생명체들을 위해 헌신하기로 결정하는 경우가 있다."

제가 공감하고 좋아하는 구절이라 학생들에게도 자주 인용하는 말이지요. 동물과 교감을 나누기 시작하면 생각과 가치관이 변화하고, 부정적인 성향도 긍정적인 방향으로 바뀝니다. 상대방의 입장을 한 번 더 생각해 보는 마음의 여유가 생기고 감정 기복도 점차 줄어들어요. 이런 작은 변화가 차곡차곡 쌓이면 어느새 '내가 참 많이 변했구나' 하고 생각하게 된답니다. 억지로 바꾸려고 할 필요도 없습니다. 그저 마음을 열고 우주에 존재하는 모든 생명체를 귀하게 여기면 됩니다.

세상의 모든 동물을 보듬을 수는 없어요

애니멀 커뮤니케이션을 하다 보면 더 많은 동물들과 대화를 나누고 싶고, 도움이 필요한 곳이면 어디라도 달려가고픈 의지가 샘솟곤 합니다. 동물과 대화하는 방법을 터득하기 시작하면 그 즐거움에 중독되듯 빠져들게 돼요. 엉뚱하고 기발하면서도 순수한 동물들과 대화하다 보면 또 다른 동물 상대를 찾아 여기저기 기웃거리기도 합니다. 하지만 앞서 언급했듯이 감정과 에너지 소모가 많은 일인 만큼 스스로를 지치게 할 수 있으니 조심해야 해요.

실제로 막 교감을 시작한 애니멀 커뮤니케이터들 중에 동물과 나누는 교감이 너무 즐거운 나머지 쉬지도 않고 과하게 상담을 하다가 얼마 지나지 않아 슬럼프에 빠지는 경우도 더러 있어요. 교감을 시도만 해도 머리가 아프고 속이 울렁거린다는 이들도 있습니다. 동물과 교감을 나누고 소통의 다리 역할을 하다 보면 에너지들이 서로 상호 작용을 일으켜 교감사에게 영향을 미칩니다. 따라서 충분한 휴식과 자기 정화가 반드시 병행되어야 해요.

하루에 몇 번이나 동물과 교감하는 것이 적절한지는 특별히 정해져 있지 않아요. 각자의 역량에 맞게 조절해 나가면 됩니다. 교감사마다 받아들일 수 있는 능력치가 다를 테니까요. 동물들과 교감을 하기 시작하고 나면 동물들의 사건 사고 이야기도 유독 더 많이 눈에 띄게 되고, 그 전에는 그냥 지나칠 수 있던 동물들의 사연도 더 감정이 복받쳐 눈물이 흐르거나 화가 나서 진정이 안 되거나 할 수도 있어요. 이것은 그만큼 더 동물의 감정을 공유하고 느낄 수 있게 되었기 때문임은 말할 필요도 없습니다.

하지만 동물들과 대화할 수 있게 되었다고 해서 세상의 모든 동물을 다 감싸 안을 수는 없어요. 교감사마다 각자 상황이나 여건도 다르고 감당할 수 있는 감정의 크기도 한계가 있기 때문에 스스로 조절하는 방법을 깨우치는 것도 전문가의 자질이라 할 수 있지요. 듣고 보는 모든 동물들에게 하루 종일 에너지를 소비한다면 이일을 오랫동안 할 수 없어요. 그렇다고 무조건 냉정하게 차단하라는 뜻은 아니에요. 감정적으로 힘들 때는 명상이나 휴식을 통해 힘든 감정들을 정화하고 평온한 상태에서 상황 판단을 해야 합니다. 이런 과정을 헤쳐 나가면서 여러분은 더 강해질 거예요.

저는 눈물이 많은 사람입니다. 그런데 지금은 마음이 무척 단단해졌어요. 동물들도 사람들도 겪어야 하는 운명과 업業이 있습니다. 동물들은 그것을 사람보다 더욱 성숙하게 받아들이고 헤쳐나가지요. 저는 이러한 삶의 순리를 하나씩 동물 친구들에게 배워감으로써 마냥 슬퍼하지만은 않게 되었습니다. 이런 이야기들이 아직은 마음에 와 닿지 않을 거예요. 하지만 동물들의 이야기를 듣다 보면 여러분도 저처럼 삶을 대하는 동물들의 지혜로운 관점을 배우게 되고, 이를 통해 동물들이 고통에 처한 상황이라고 해서 무조건 뛰어들어 구해주는 것만이 답이 아니란 사실을 깨닫게 될 것입니다.

계속해서 공부하세요

애니멀 커뮤니케이터는 교감을 통해 문제를 파악하고 그 해결 방안까지 제시할 수 있어야 하기 때문에, 끊임없이 관련 지식들을 쌓고 연구해서 스스로를 발전시켜 나아가야 합니다. 아는 만큼 느끼고 답할 수 있으니까요. 교감사라면 반드시 공부해야 할 분야는 동물행동학, 심리학, 훈련학, 생리학, 병리학, 동물 관련 법규 등입니다. 이런 지식을 고루 갖추어야 돌발적인 상황을 만나거나 어려운 내용을 상담할 때 유연하게 대처할 수 있습니다. 전문가 수준만큼 공부해도 좋고 큰 맥락에서 이해하는 것도 괜찮습니다. 그러나 아쉽게도 이들 중 몇 가지는 아직까지 우리나라에 관련 교육 기관이 부족해 스스로 자료를 찾고 연구해야 하는 실정입니다.

하지만 중요한 것은 무엇보다 교감 능력이 가장 우선되어야 한다는 것입니다. 위의 동물학적 지식은 교감 능력을 단단히 해줄 보조 장치와도 같아요. 동물의 성향, 종의 특성, 행동에 관한 지식을 갖고 교감을 나눌 때 더 풍부하게 동물들의 마음을 느낄 수 있지요.

동물과 교감한다는 것은 그 자체만으로도 정말 즐겁고 보람된 일이에요. 이렇게 보람되고 즐거운 일을 직업으로 삼을 수 있다는 건 분명 큰 축복이요. 그런데 이 일이 쉽지만은 않은 가장 큰 이유는 단순히 동물과 교감하는 데서 그치는 것이 아니라 동시에 사람을 상대해야 하기 때문입니다. 혼자서 동물과 교감을 나누는 것과 반려인과의 상담을 함께하는 것은 큰 차이가 있습니다.

안타깝게도 반려인들 중에는 "사람이 동물보다 우선"이라는 사고 방식을 가진 분들이 아직도 많습니다. 더욱이 반려인들은 대부분 자신이 동물에게 무엇을 잘못하고 있는지 잘 모릅니다. 심지어 사랑인 줄 알고 잘못된 행동을 지속하는 이들도 많지요. 이럴 때 동물과 사람 사이를 잇는 애니멀 커뮤니케이터가 받는 스트레스는 때로 상상을 초월하기도 하지요.

그 외에도 빠른 상담을 요구하며 무례하게 계속 연락을 해오는 반려인, 새벽에도 휴대폰 메시지로 끊임없이 자신의 이야기를 늘어놓는 반려인, 필요할 때 급하게 찾고 어렵게 시간을 비워두면 연락이 두절되는 반려인, 얼마나 잘 맞히는지 시험해 보는 반려인도 있습니다. 이런 사람들을 만날 때는 지치고 힘이 듭니다. 하지만 동물과 교감을 나누고 동물도 사람도 긍정적으로 변화할 때 느끼는 보람이 그보다는 훨씬 크다고 말할 수 있습니다.

책임 있게 말하고 행동하세요

많은 사람들이 고민 끝에 조언을 구하고자 간절한 마음으로 상담을 청해오기 때문에 단어 하나도 신중히 선택해서 전할 필요가 있습니다. 때로는 교감사의 말 한 마디가 동물의 생사를 좌우할 수도 있습니다. 따라서 교감사는 반려인이 쪽지나 메일 등으로 문의를 해오는 순간부터 전체 과정이 끝날 때까지 통틀어 힐링의 시간이라 생각하고 임해야 합니다. 정말 어떻게 대답해야 할까 고민이 될 때는 동물의 입장, 반려인의 입장이 되어 생각을 하면 도움이 됩니다.

언젠가 수업중 한 강아지를 섭외해 대면 교감 실습을 한 적이 있습니다. 각자 궁금한 것을 편하게 묻고 강아지에게 답을 들은 뒤 보호자의 피드백을 받는 실습이었어요. 한 학생이 교감이 끝난 뒤 반려인에게 이렇게 말을 전했습니다.

"아이에게 엄마를 어떻게 생각하느냐고 물어보니까 '그냥 밥 주는 아줌마'라고 대답했어요."

  연습할 때 "틀려도 좋으니 자신감 있게 이야기하라"고 조언하지만 이 순간만큼은 좀 난감했답니다. 이내 반려인의 표정이 굳어졌거든요. 연습하는 학생들이라는 점을 감안한다 해도 서운한 마음은 감출 수 없었겠지요. 해석의 정확도도 중요하지만, 같은 사실이라도 부드럽게 표현한다면 쓸데없는 상처를 주지 않을 수 있겠죠. 어떤 반려인도 자신이 그저 먹을 것만 주는 아줌마이기를 바라지는 않을 테니까요.

동물 교감 올바르게 이해하기

"싱크대나 식탁에 올라가지 말라고 해주세요.""우리 애가 몸에 상처가 있는데 어디에 있는지 맞혀보세요.""오줌을 아무 데나 싸지 말라고 해주세요.""○○랑 사이좋게 지내라고 해주세요.""중성화 수술을 앞두고 있는데 해도 되는지 물어봐 주세요."

교감을 통해서 이런 내용들을 전달할 수 없는 것은 아니지만, 동물들의 성향이나 본능을 무시한 반려인의 일방적인 요구는 만족스러운 교감 상담으로 이어지기가 어렵습니다. 따라서 여기서는 동물과의 교감을 배우려는 분이나 상담을 의뢰하려는 분이 애니멀 커뮤니케이션을 어떻게 이해하고 활용했을 때 가장 효과적이고 의미가 있는지 말씀드리고 싶어요.

우선, 동물의 행동을 그 자리에서 바꾸거나 사람이 원하는 것을 동물에게 일방적으로 통보하는 목적으로 교감이 사용되는 것은 옳지 않아요. 많은 반려인들은 동물이 문제 행동을 하거나 동물이 아프거나 동물을 잃어버렸을 때 등 절박한 심정에서 애니멀 커뮤니케이션을 찾습니다. 그러다 보니 상담 결과가 기대에 미치지 못하면 더 크게 실망하기도 하지요. 이것이 애니멀 커뮤니케이션에 대한 올바른 이해가 더욱 필요한 이유랍니다. 교감사와 반려인 양쪽이 동물 교감에 대해 제대로 이해를 할 때 더욱 알찬 내용의 상담으로 이어질 수 있어요.

교감에만 의지하지 말 것

반려 동물과의 교감을 의뢰해 오는 반려인 중에는 동물과 의사소통이 된다는 것을 믿지 않는 경우보다 거꾸로 그에 대한 믿음이 크거나 심지어 맹신하는 경우가 더 많습니다. 하지만 맹신은 교감 결과에 지나치게 의지해 올바른 판단을 하지 못하게 만들 수가 있어요. 식음을 전폐하고 앓아누울 정도로 중병에 걸린 아이를 병원에 데려가지 않고 교감에만 의지하려는 것도 그중의 하나입니다. 이럴 때는 병원 진료를 먼저 받은 다음, 반려인이 곁에서 진료 외에 더 해줄 것이 있는지 등을 알아보는 차원에서 교감을 나누는 것이 좋습니다.

평소 아픈 데가 없는 아이이고 중병이나 위급한 경우가 아니라면 건강 검진을 하듯 교감으로 어디가 안 좋은지 짚어볼 수 있지만, 동물들은 본능적으로 아픈 곳을 감추려는 성향이 있어 심각한 상황이 아닌 이상 어디가 아픈지 물어봐도 대개는 건강하다고 대답합니다. 따라서 이런 경우는 질문을 하기보다는 감각 공유의 방법이나 각각의 신체 기관에서 느껴지는 에너지의 흐름, 에너지의 컬러, 느낌 등으로 리딩을 하는 것이 좋습니다. 그러나 이 방법으로도 동물의 아픈 곳을 모두 찾아낼 수는 없다는 점을 명심할 필요가 있어요.

때론 간혹 당장 신체적으로 증상이 나타나지 않더라도 잠재된 상태로 에너지가 정체되어 있는 것을 읽을 수가 있습니다. 전에 교감했던 한 아이는 신장 쪽에 에너지가 유독 몰려 있었습니다. 반려인에게 혹시 신장 쪽에 문제가 있는지 물었지만 건강 검진 결과 수치상으로는 이상이 없었다고 했어요. 하지만 그로부터 몇 개월 후 아이가 신부전 진단을 받았지요. 또 어떤 아이는 감각 공유 중에 귓속이 마치 귀지로 가득 찬 것처럼 꽉 막혀 있는 듯한 증상이 느껴진 적도 있습니다. 겉으로는 아무런 이상 증세도 없었지만 반려인은 혹시나 하는 마음에 병원에 가서 검진을 해보았고, 귓속이 염증으로 가득하다는 결과를 받았습니다. 그때 치료 시기를 놓쳤으면 청각을 잃을 수도 있었다고 해요.

하지만 교감사는 의사가 아닙니다. 교감사가 하는 일은 병을 진단하는 것이 아니라 단지 증상을 느끼고 병원에 가서 치료를 받도록 안내할 뿐입니다. 교감만으로는 모든 것을 알 수 없고, 따라서 반려인은 교감에서 얻은 정보에 전적으로 의지하기보다 이를 지혜롭게 분별해서 활용할 필요가 있습니다.

터놓고 정보 나누기

언젠가 교감 상담을 할 때였습니다. 반려인이 저에게 최대한 말을 아끼면서 충분히 피드백을 해주고 있지 않다는 느낌이 강하게 들었어요. 저는 이런 태도에 동요하지 않고 가만히 집중하여 느껴지는 그대로를 바탕으로 소신껏 답변했지요. 상담이 끝날 무렵 반려인이 말했습니다.

"다른 애니멀 커뮤니케이터에게 상담을 받아보았는데 정보를 너무 많이 줘서 그런지 특별한 내용 없이 내가 알려준 것들 가지고 짜맞춰 대답하는 것 같아 실망스러웠어요. 그래서 이번에는 일부러 정보를 주지 않았는데, 말하지 않은 것까지 맞혀서 놀랐어요."

솔직히 이런 이야기를 들으면 맥이 풀립니다. 나를 시험하기 위해서 한 시간이나 보낸 셈이니까요. 교감시 채팅을 하거나 직접 얼굴을 맞대고 이야기를 하는 이유는 반려인의 빠른 피드백을 통해 반려 동물에 대한 더 많은 교감 내용을 나누기 위해서입니다. 그런데 단답형의 짧은 대답만 하거나 거짓 정보로 교감사를 떠보는 것은 시간만 낭비하는 것입니다. 이런 분들은 대개 아이에 대한 간단한 소개 문구도 없이 '이름, 나이, 궁금한 것, 짧은 문장 5개' 정도만 적어서 교감 의뢰를 해옵니다. 아이들에 대한 소개가 부족하면 풍부한 교감을 나누기 어렵습니다.

'말하지 않아도 다 맞혀야지 무슨 정보를 달라는 거야? 엉터리네' 라고 생각할 수도 있어요. 그러나 교감을 통해 받은 정보를 해석하려면 반려 동물의 상황을 제대로 아는 것이 무엇보다 중요합니다. 정보가 불충분하면 엉뚱한 해석이 나올 수도 있으니까요. 이는 모든 교감사가 마찬가지예요. 같은 물건을 놓고도 사람마다 보는 관점이나 시각이 다르게 마련이고, 음식도 먹어본 사람과 먹어보지 못한 사람의 표현은 다를 수밖에 없으니까요.

때론 먼저 언급하고 싶지 않은 얘기라도 교감사가 비슷한 상황을 이야기하면 반려인은 이를 숨기지 말아야 합니다. 반려인이 교감사의 능력을 파악하려는 의도를 가지고 있으면 교감을 시작할 때 그 에너지가 감지되기도 하는데, 그런 불신의 에너지는 교감에 좋지 않은 영향을 미칩니다.

반대로 너무 많은 정보를 구구절절 적어 보내는 반려인도 있는데, 이로 인해 교감사가 편견에 치우칠 수 있다는 점에서 이 또한 바람직하지 않습니다. 가장 좋은 것은 반려인이 보기에 중요하다 생각되는 부분만 간략하게 귀띔해 주는 것입니다. 교감사들은 반려인이 주는 정보가 사실이라는 것에 기반하여 교감하기 때문에 거짓 정보를 준다면 그것에 맞게 상황 설명을 풀어갈 수밖에 없습니다.

한번은 반려인이 외국에 출장을 가 동물과 멀리 떨어져 있다는 사실을 숨긴 채, 동물이 자신에게 하고 싶은 말이 있는지 물어봐 달라고 한 적이 있습니다. 이때 동물로부터 '보고 싶어요' 하는 그리움의 감정이 느껴졌어요. 저녁에 집에 돌아오면 만날 텐데 왜 이렇게 짙은 그리움이 느껴질까 궁금했지만, 멀리 떨어져 있다는 설명을 듣지 않았기에 그저 "퇴근 후 바로 가보세요. 많이 보고 싶어 하네요"라고 말할 수밖에 없었습니다. 외국에 있다는 것을 미리 알았다면 동물의 감정을 더 풍부하게 나눌 수 있었을 것입니다. 물론 동물이 먼저 "언니는 집에 오지 않아. 멀리 갔어"라고 말해줄 때도 있지만, 모든 동물이 묻지도 않았는데 좋알좋알 얘기하지는 않거든요.

코리는 유기견으로 안락사를 시키기 직전 기적같이 구조되어 입양된 아이였습니다. 착하고 순한 아이였는데 입양된 지 1년 정도 되었을 때 동생이 한 마리 생기면서 공격적으로 변했고 배변을 가리지 않기 시작했습니다. 그리고 새로 온 강아지를 심하게 물어뜯어서 다치게 만들곤 했지요.

코리 엄마는 걱정이 많았습니다. 더 사랑해 주고 더 만져주고 싶었지만 공격적으로 변한 코리가 이제 무섭기까지 했습니다. 전문 훈련사들도 포기할 정도여서 마지막 방법이라는 생각으로 저를 찾아왔습니다. 그런데 이상하게도 상담 내내 뭔가 요점이 빗나가고 겉도는 느낌이 들었습니다. 반려인은 심신이 지쳐 있어서인지 피드백에 적극적이지 않았고, 코리 역시 엉뚱한 말들만 할 뿐 속마음을 들려주지 않았지요.

코리의 마음을 열기 위해 한 차례 레이키 힐링을 하고 교감을 다시 시작하니 코리가 자신의 트라우마를 보여줬습니다. 유기되기 전 다른 가족들과 살 때 생긴 일이었어요. 다른 강아지가 새로 오면서 자신이 뒷전으로 밀렸던 지난날의 기억을 떠올리며 힘들어했습니다. 이런 트라우마가 있는 코리는 새로 온 동생에게 사랑을 빼앗기는 것이 너무나 싫었던 것입니다. 그래서 이래저래 자신이 화나 있음을 행동으로 표현했지만 엄마는 동생을 내보내지 않았다고 말했어요. 어쩔 수 없이 적응해 가고는 있었지만 코리의 마음은 이미 굳게 닫혀 있었습니다.

이 말을 전하자 반려인은 그제야 얼마 전 새로 데려온 동생 강아지가 다리 수술로 한 달간 입원해 있었고, 동생 강아지가 집에 없는 동안에는 코리가 아무런 문제 행동도 하지 않았다는 얘기를 들려주었습니다. 어쩌면 코리 엄마는 이미 답을 알고 있었을지도 모릅니다. 만약 이런 생각들을 상담시 교감사와 충분히 나누었다면 마음을 닫은 코리를 이해하고 위로하는 데 도움이 되었을 것입니다. 상담을 의뢰할 때는 많은 교감사들을 검색해서 꼼꼼하게 살펴볼 필요가 있겠지만, 일단 의뢰를 하기로 결정을 내렸다면 최대한 협조하여 반려동물의 마음을 더 많이 읽을 수 있도록 도와주어야 합니다.

시험이 아닌 상담을 목적으로 의뢰하기

우리나라에는 아직까지 애니멀 커뮤니케이션을 부정적으로 보는 사람들이 많습니다. 이렇게 된 데는 준비가 덜 된 상태에서 유료 상담을 시작한 교감사들의 책임도 적지 않습니다. 이 분야에 대해 잘 모르는 반려인들 또한 저렴한 비용과 짧은 대기 시간 등을 우선으로 교감사를 선택하다 보니 기대에 못 미친 결과를 받아들고는 실망하는 일이 많았고, 애니멀 커뮤니케이터들은 엉터리라는 인식이 퍼지게 되었지요. 여기에 낯선 분야에 대한 의구심이 더해져 교감사를 시험하고 평가하려는 사람들마저 생겨났습니다. 어쩌면 당연한 반응인지도 모릅니다. 하지만 그런 의심은 교감사를 선택하는 과정에서 이미 끝내야 합니다. 충분한 정보 탐색과 조사는 교감사를 선택하기 전에 마치고, 일단 교감사를 선택했다면 믿고 맡겨야 한다는 뜻입니다.

우리 아이가 어떤 장난감을 좋아하는지, 어떤 음식을 좋아하는지는 반려인이 이미 너무나 잘 알고 있습니다. 이런 좋아하는 것들 앞에서 반려 동물들은 있는 그대로 좋아하는 감정을 이미 표출하고 있으니까요. 그래서 우리 아이가 소고기 육포를 좋아하고 오리 모양 장난감에 집착한다는 것을 알면서 굳이 교감으로 확인할 필요는 없다고 생각해요. 교감은 평소 느낌으로 알고 있는 것을 확실히 하고 싶거나 더욱 깊이 소통하고 싶을 때 이용하는 것이 좋습니다.

대부분의 교감사들은 질문의 개수나 시간을 제한하여 상담하는데, 그런 제한된 상황 속에서 나도 몰랐던 우리 아이의 속마음을 알아가고 앞으로 어떻게 해줘야 아이가 더욱 행복하게 생활할 수 있을지 돌아보는 과정이 바로 교감 상담입니다.

동물 교감사 선택하기

현재 국내에는 훌륭한 동물 교감사들이 많습니다. 하지만 그와 반대로 반려인들에게 상처를 주거나 애니멀 커뮤니케이션에 대한 오해를 부르는 교감사들이 존재하는 것도 사실이에요. 소중한 동물 가족과 반려인 사이에서 소통의 다리 역할을 해줄 동물 교감사를 선택할 때는, 첫째 교감의 정확도가 어느 정도인지, 둘째 긍정적인 사고방식과 따뜻한 마음을 가졌는지를 중점적으로 살펴보길 바랍니다. 이 두 가지를 갖추었다면 크게 실망하는 일은 없을 거예요.

교감사의 능력은 상담 경험이 얼마나 되었는지와 인터넷상의 후기나 평가 등을 살펴 확인할 수 있습니다. 물론 아무리 유명하고 평판이 좋은 교감사라 해도 상담 스타일이 본인과 맞지 않으면 효과적인 교감이 어려울 수 있겠지요. 또 동물들은 에너지의 영향을 많이 받기 때문에 교감사의 에너지에 따라 풍부한 상담을 될 수도 있고 그렇지 못할 수도 있습니다. 하지만 마음이 따뜻하고 사랑이 많은 교감사라면 동물들이 대화를 거부하는 일은 거의 없습니다.

결과를 폭넓게 받아들이기

나리라는 시츄 강아지가 있었어요. 나리 언니는 상담을 받기 얼마 전부터 교감 수업에도 참석하고 틈틈이 공부도 하는 교감 연습생이었는데, 그 당시에 교감 실력에 자신이 없어 저에게 상담을 의뢰했습니다.

교감중에 나리에게 뭘 좋아하는지 물으니 연한 노란색의 해면 같은 것을 계속 보여줬습니다. 나리 언니에게 노란색의 해면 같고 구멍이 송송 뚫린 것의 정체를 아는지 물어보니 도저히 생각이 나지 않는다고 했어요. 그렇게 나리의 대답이 무슨 의미인지 답을 찾지 못하고 미안한 마음을 가지고 교감을 끝내야 했습니다.

그러던 어느 날 나리 언니가 교감 연습을 하기 위해 나리와 마주보고 앉았어요. 그리고 나리에게 물어봤다고 합니다. "노란색 해면이 대체 뭐니? 너무 궁금해"라고 메시지를 보내자, 나리가 큰 눈을 끔뻑이며 "바보, 그것도 몰라? 북어잖아"라고 말해주었답니다. 그제야 나리가 북어를 좋아한다는 게 떠올랐다고 해요. 북어를 준 지가 너무 오래되어 잊고 있었다고 합니다. 이렇게 교감사가 미처 알 수 없는 정보를 가장 잘 아는 사람은 반려인입니다. 물론 나리 언니는 교감 연습중에 우연히 답을 받은 경우지만 일반적인 반려인이더라도 이는 마찬가지입니다. 먹였던 것, 사줬던 물건 등은 반려인이 가장 잘 알고 있기 때문에 반려인과 교감사와의 팀워크는 매우 중요합니다.

　동물에 관한 정보는 명확한 모양, 색깔, 질감, 형태 등으로 명확하게 오기도 하고, 때로는 스무 고개를 하듯 두루뭉술하게 오기도 합니다. '연한 분홍색 탁구공만 한 크기의 이건 뭐지?' 하고 한참을 고민해야 하는 경우도 많습니다. 이때 반려인은 분홍색 공 모양의 물건이 집에 있는 것인지, 있다면 그것이 무엇인지 적극적으로 찾아서 피드백을 해주어야 합니다. 간식 종류만 해도 수백 가지, 장난감만 해도 수백 가지인데다 동물의 눈에는 사물의 어느 특정 부분만 부각되어 보일 수도 있으므로, 반려인이 적극적으로 함께 찾아주어야 풍부한 교감을 이끌어낼 수 있습니다.

　간혹 교감사가 전달하는 내용을 머리로는 이해하지만 마음으로 받아들이지 못하는 반려인들이 있습니다. 혹은 자신의 욕심 때문에 상담 결과를 받아들이지 않거나 원하는 대답을 미리 정해두고 상담을 받는 반려인들도 있고요. 드물긴 하지만, 집에 온 지 얼마 되지 않은 반려 동물이 적응을 못하고 나아질 기미조차 보이지 않으면 교감사가 아이의 행복을 위해 조심스럽게 다른 곳으로 입양을 권하기도 합니다. 물론 나의 동물에 대해 가장 잘 아는 사람은 반려인이지만, 상담을 받기로 결심했다면 교감사의 의견에도 귀 기울여야 합니다. 기대했던 것과 조금 다른 답변을 듣게 될 때는 자신보다는 아이에게 더 좋은 방향이 무엇인지 생각해 보기를 권합니다.

일방적인 통보 수단으로 사용하지 말 것

동물들은 작은 일이라도 신상에 변화가 일어나게 된다면 그 사실을 미리 알려주기를 바랍니다. 말을 해줄 때는 사람의 언어로 말을 해줘도 상관없어요. 위에 안내한 대로 간단한 문장을 만들어 반복해서 말해주는 것만으로도 큰 도움이 됩니다. 이런 배려가 동물로 하여금 스스로 사랑받고 존중받고 있다고 느끼게 하고, 급격한 환경 변화나 예기치 못한 상황을 맞았을 때에도 스트레스를 덜 받게 할 수 있습니다. 때로는 스트레스가 목숨을 위태롭게 하는 질병으로 이어지기도 하니까요.

동물들은 가족의 일원으로서 제 역할을 다하고 싶어 하고 인정받고 싶어 합니다. 그러니 당연히 작은 일이라도 모두 알려줘야 합니다. 많은 반려인이 '내가 미리 말한들 알아듣겠어?' '어차피 선택권이 없으니 그냥 적응하겠지'라고 생각합니다. 하지만 미리 알려주는 경우와 그렇지 않은 경우의 차이는 동물에게 막상 이사, 병원 가는 것, 새로운 가족이 오는 것 등 큰일이 닥쳤을 때 동물이 얼마나 잘 적응하는지를 보면 알게 됩니다.

앞에서도 말했듯이 교감이 반려인의 일방적인 통보 수단으로 사용되어서는 안 됩니다. 생활에 어떤 변화가 예정되어 있다면 그 이유를 설명해 주고, 할 수만 있다면 동물에게도 선택권을 줘야 합니다. 특히 새로운 동물 친구를 데려오거나 이사를 하거나 잠시 어딘가에 맡기게 될 때는 미리 알려주는 것이 좋습니다. 새 가족을 데려올 때는 어떤 스타일의 동물이 좋은지 고를 수 있는 기회를 줘서 마찰 가능성을 최소화할 수도 있답니다.

간혹 동물의 본능을 거스르는 요구를 동물에게 일방적으로 전해달라는 분들이 있습니다. "제발 짖지 좀 마" "밤에 놀지 말고 잠 좀 자" "음식 좀 밝히지 말고 천천히 먹어"와 같은 부탁은 전해준다 해도 동물들이 들어주기 어렵습니다. 사람도 누구나 아무 생각 없이 하는 습관적인 행동, 버릇들이 있듯이 동물에게도 이러한 행동은 본능적으로 하는 행동이랍니다. 어쩌면 사람이 마음을 비우는 것이 더 쉬울지 모르겠습니다. 동물들은 이미 우리와 함께하기 위해 야생의 본능을 많이 잠재운 채 살고 있으니까요. 사람과 동물은 함께 살면서 서로 보듬어야 할 존재입니다. 본능을 무시하고 어느 한쪽으로 일방적으로 맞추게 할 권리는 누구에게도 없어요.

보호소와 유기 동물을 위한 기부

동물과의 교감을 시작하기 전 저는 길고양이들에게 먹을 것을 주는 캣맘이었어요. 길 위에서 하루하루 힘겹게 살아가는 동물들을 보며 마음이 아파 눈물이 마를 새 없이 지낸 시절도 있고, 해도 해도 끝날 줄 모르는 육체적·감정적 소모를 견디지 못해 애써 슬픔을 외면하려고 한 적도 있었습니다. 그러나 애니멀 커뮤니케이터가 되어 동물들과 교감하는 시간이 많아질수록 자신의 운명을 담담히 받아들이고 최선을 다해 살아가는 그들의 모습에 감동하게 되었습니다. 우리 눈에 불행해 보일지라도 동물들에게는 충분히 값지고 소중한 삶이라는 사실을 깨달으면서, 더 이상 아픈 동물을 보며 눈물만 흘리거나 외면하려고 애쓰지 않고 오히려 동물들을 위해 기도하게 되었습니다.

유기 동물을 위해 동물 교감사가 해줄 수 있는 일 중 가장 좋은 것은 지친 마음을 치유해 주는 것입니다. 교감사는 버림받은 충격에 식음을 전폐한 동물의 마음을 어루만지고 자신이 사랑받는 존재라는 사실을 상기시켜 감정을 회복해 줄 수도 있습니다. 육체의 질병으로 생명이 끊어져가는 아이들을 따뜻하게 품어주고 덜 고통스럽게 떠나도록 도울 수도 있고요.

그렇게 되려면 교감사는 먼저 많은 경험을 통해 마음이 단단해져야 합니다. 동물보다 교감사가 우울감에 빠져버리면 안 되니까요. 주의할 점은 스스로 감당할 수 있는 감정과 에너지 소모의 한계를 알고 있어야 한다는 것입니다.

현재 국내에는 수많은 유기 동물 보호소와 개인적으로 활동하는 동물 보호가들이 있습니다. 안타깝게도 제가 만난 동물 보호가들 중에는 교감사들의 이런 교감 봉사를 당연하게 여기고 아무 때나 요구하는 사람도 있었어요. 시도 때도 없이 연락을 해서 궁금한 것을 물어보기도 하고, 아픈 아이의 사진을 보내기도 하고요. 불쌍한 아이들에게 도움을 줄 수 있다는 건 무척이나 보람된 일이지만 모든 아이를 보듬기는 벅찬 것이 사실이에요. 아파하고 고통스러워하는 아이들의 소식이 끊임없이 전해져 오면 마음을 다잡고 생활하기가 무척 힘이 듭니다. 따라서 적당한 거리를 두고, 할 수 있는 역량만큼만 교감 봉사를 하는 것을 권하고 싶어요.

꼭 교감을 통해서 하는 봉사뿐 아니라 불쌍한 동물을 위해 봉사하는 방법은 여러 가지가 있습니다. 교감을 통해 얻어지는 수익의 일부를 기부하는 것도 한 가지 방법이에요. 기억하세요. 세상의 모든 동물을 내가 다 보듬을 수는 없습니다. 버림받은 동물들을 돌보는 과정에서 상처받거나 슬럼프에 빠지지 않도록, 나의 도움이 절실히 필요한 곳에서 큰 사랑을 나누도록 하세요.

그리고 이렇게 큰 사랑을 나누고자 한다면 누군가를 돕기 이전에 먼저 나의 에너지와 건강을 꼭 챙기면 좋겠습니다. 건강한 마음, 건강한 신체일 때 우리가 하는 봉사야말로 제대로 된 봉사가 된다고 생각해요. 누군가를 사랑하려면 우선 나 자신을 사랑하고 돌볼 줄 알았으면 좋겠습니다. 긍정적인 생활 태도와 명상 수련은 건강한 마음을 유지하는 데 도움이 됩니다.

사지 말고 입양하세요

과거에 사람들은 동물이란 집을 지키거나 쥐를 잡고 남은 반찬을 처리하는 존재로만 여기는 일이 많았습니다. 의식 수준이 많이 바뀌긴 했지만 지금도 여전히 동물을 생명이 아니라 사고파는 물건 정도로 취급하는 사람들이 있습니다. 반려 동물에 대한 우리나라 사람들의 인식은 아직 갈 길이 멀고 해결해야 할 과제 또한 너무나 많습니다.

가장 큰 문제는 입양 후 아이가 아프거나 나이가 들어 귀찮아졌을 때 아무렇지 않게 버리는 것입니다. 도움을 간절히 바라는 순수한 눈망울들이 하루가 멀다 하고 생겨나는 현실이 그저 씁쓸하기만 합니다.

동물은 하루 종일 보살핌이 필요한 어린 아기와도 같습니다. 반려 동물은 스스로 결정할 수 있는 일이 하나도 없습니다. 하다못해 나를 만난 것도 자신의 의지와 상관없었을 것이고, 매일매일 먹는 음식이나 산책, 잠잘 시간까지도 모두 가족의 상황과 여건에 맞춰 움직여야 하지요. 내가 입양하고 반려하기로 결정한 순간부터 이 어린 생명은 나만 바라보며 의지합니다. 동물을 가족으로 받아들였다면 사람과 똑같이 존중하는 한편 서로의 다름을 이해해야 해요. 단순히 귀여움에 끌려서 혹은 외롭거나 심심하다는 이유로 불쑥 데려다 키우기에는 반려 동물의 입양이 엄청난 책임이 따르는 일임을 기억하세요.

동물을 반려할 때는 나의 생활 패턴과 취향 등을 고려해야 하고, 동물의 기본 성향이나 행동의 특징, 주의할 점도 꼼꼼하게 체크하고 공부해야 합니다. 혼자 사는 경우 집을 비우는 시간이 얼마나 되는지, 동물이 혼자 있는 시간이 너무 길지는 않은지 살펴야 하고, 가족이 많은 집은 모든 가족이 환영하는지도 따져봐야 해요. 가족 중 한 사람이라도 그 동물을 탐탁지 않게 여기면 입양된 동물은 그 사람의 눈치를 보게 되고, 불만이 문제 행동으로 나타날 수 있습니다. 그런 가족과의 마찰로 동물이 갑자기 길거리로 내쳐졌다거나 퇴근해서 오니 다른 곳에 보내지고 없다거나 하는 경우를 수도 없이 봤어요.

그저 먹고 재운다고 해서 반려인의 의무를 다하는 것은 아닙니다. 모든 동물은 자신이 가지고 있는 활동 에너지를 소비해야 해요.

자연에서 살아남기 위해 고도로 발달한 운동 신경과 신체 에너지를 마음껏 소비해야 스트레스를 풀고 건강하게 지낼 수 있습니다. 그러나 안타깝게도 많은 동물이 이 부분을 충족할 수 없는 상태에서 살고 있습니다. 동물을 반려하려면 하루 한 번이라도 산책을 해줄 수 있는지, 그것이 어렵다면 자기 전 잠깐이라도 신나게 놀아줄 여건이 되는지 꼭 생각해 봐야 합니다.

저는 잠자기 전 최소 10분은 꼭 고양이들과 놉니다. 하루 종일 그 시간만 기다리는 아이들의 반짝이는 눈빛을 외면하기가 너무 힘들지요. 잠자기 전 10분씩이라도 신나게 장난감을 휘두르며 놀아주면, 여러분이 자는 동안 동물들도 시끄럽게 울어대거나 사고를 치지 않고 얌전히 함께 잠을 자게 될 거예요.

동물이 아플 때 병원에 데려갈 경제적 여건이 되는지도 생각해 봐야 합니다. 아파서 고통스러워하는 동물을 돈이 없다는 이유로 방치하는 사람은 반려인의 자격이 없습니다. 비싼 병원비가 부담스럽다면 반려 동물을 위해 한 달에 얼마 정도를 의료비 용도로 저축하는 것도 좋은 방법입니다.

스스로를 앞가림하기도 벅찬 상황이라면 반려 동물 입양을 조금 미루기 바랍니다. 동물들은 자신을 병원에 데려가지 못하는 반려인을 원망하거나 미워하지 않아요. 그저 할 수 있는 만큼 해주면 그것이 전부인 줄 알고 감사해하지요. 하지만 그렇다고 해도 반려인은 책임감을 가져야 합니다.

　마지막으로 동물을 입양할 때는 가급적 가족의 사랑 속에서 태어난 아이들을 데려오거나 전문 캐터리에서 운영하는 곳을 이용하기 바랍니다. 그보다 더 좋은 것은 유기 동물을 입양하는 것입니다. 이른바 '강아지 공장, 고양이 농장'이라 불리는 곳에서 동물을 '구입'하는 것은 동물을 생명이 아닌 돈벌이 수단으로 삼도록 거드는 일이자 유기 동물을 더욱 불어나게 하는 데 일조할 뿐입니다. 동물을 공장의 물건처럼 생산해 내고 무책임하게 사서 버리는 행태는 하루빨리 사라졌으면 좋겠습니다.

8.

자주 하는 질문

애니멀 커뮤니케이션에 대한 Q&A

동물 교감, 독학도 가능한가요?

많은 분들이 어떻게 하면 동물 교감사가 될 수 있는지 묻습니다. 독학으로도 가능한지, 배운다면 어떤 공부를 어디서 어떻게 배우는지, 또 어떤 자질이 필요한지 물어오지요.

가장 중요한 것은 열심히 하려는 열정, 동물을 사랑하는 마음, '할 수 있다'는 자신감, 밝고 긍정적인 사고 방식입니다. 이와 같은 마음의 준비가 되었다면 용기 내 도전해 보세요. 분명 성공할 거예요. 현재 외국의 애니멀 커뮤니케이터가 집필한 동물 교감 관련 번역서들이 국내에 꽤 나와 있습니다. 이러한 책들을 보고 독학을 해도 좋습니다.

다만 혼자 연습하다 보면 엉터리 소설 같은 이야기를 교감이 된 것으로 오해하는 일이 생길 수도 있으니 주의하셔야 해요. 또 교감을 경험하면서 쌓이는 궁금증을 제대로 해결하지 못한 상태에서 동물과 교감하다 보면 반려인에게 상처를 줄 수도 있습니다. 이런 일을 최소화하고 좀 더 수월하게 교감 능력을 습득하려면 강의를 듣는 것이 좋습니다.

여건상 독학을 해야 한다면 우선 국내에 출판되어 있는 애니멀 커뮤니케이션 관련 서적들을 찾아서 읽어보고 본인에게 맞는 방법을 정해 꾸준히 연습하세요. 교감 방법은 책에 충분히 소개되어 있습니다. 강의라고 해서 또 다른 방법을 알려주는 것은 아닙니다. 다만 강의는 이해가 안 되는 부분을 서로 공유하여 해결하고, 상담시 부딪칠 수 있는 상황을 풀어가는 지혜를 배우며, 여러 사람과 함께하면서 격려와 자극을 받을 수 있다는 장점이 있습니다.

한두 번 시도해 보고 아무것도 느껴지지 않는다고 포기하진 마세요. 교감 뒤에는 반드시 피드백을 받아 정확도를 냉정하게 판단해야 한다는 것도 잊지 마시고요.

저는 동물 교감을 배우기 위해 두 분의 선생님과 인연을 맺었습니다. 첫 번째 선생님은 애니멀 커뮤니케이션을 통해 얻는 기쁨을 많은 사람과 나누고 싶어 소규모 모임 형식의 강의를 하는 분이었습니다. 저는 이분에게 배운 지식을 바탕으로 꾸준히 연습하여 생각보다 빠르게 교감 능력을 키워나갈 수 있었습니다. 첫 번째 선생님의 수업이 끝난 뒤 한동안 연습을 하지 않아 감각이 둔해질 즈음 또 다른 강의를 듣게 되었습니다. 이 강의에서 애니멀 커뮤니케이션이 무엇인지 다시금 정리하게 되었고, 조금 연습을 해나가니 다시 교감이 되기 시작했습니다. 그렇게 얼마 지나지 않아 전문 교감사로 활동하기 시작했습니다.

현재 국내에 교감 방법을 알려주는 강의는 많지만 지속적으로 함께 연구하고 상담사로 이어지도록 돕는 수업은 거의 없는 것 같습니다. 저 또한 많은 시행착오와 실수를 하며 여기까지 왔고, 여전히 미흡한 현실이 안타깝기만 해요. 교감의 방법이나 원리는 너무 간단해서 하루만 배워도 충분합니다. 하지만 이 지식을 내 것으로 만드는 데는 많은 연습과 경험이 필요해요. 급하게 배우고 싶어 혹은 비용이 저렴하다는 이유로 일회성 강의를 들은 후 스스로 교감이 된다고 착각하여 활동하는 사람들을 많이 보았어요. 다시 말하지만 충분한 준비가 되지 않은 채 활동을 시작한다면 많은 반려인에게 상처를 줄 수 있습니다.

애니멀 커뮤니케이터 자격증이 따로 있나요?

현재 국내에는 국가 공인 자격증이 없습니다. 해외의 경우에도, 모두 확인할 수는 없지만, 제가 아는 한에서는 없습니다. 일정 기간의 수업을 마친 사람에게 개인이나 단체 차원에서 수료증을 발급하는 것이 대부분이어서, 최근 제대로 된 기관이나 협회를 만들고자 하는 움직임이 활발히 일어나고 있는 상황이에요. 우리나라에는 수료증보다 좀 더 공신력이 있는 민간 자격증 제도가 있어요. 현재 저는 '동물 교감사'라는 민간 자격증 과정을 개설해서 운영하고 있습니다.

저는 여건이 허락한다면 최대한 많은 강의를 들어보기를 권해요. 그 과정을 통해 받아들일 것은 받아들이고 그렇지 않은 건 버리면서 스스로의 스타일을 찾고 발전시켜 나가는 것이 중요합니다. 강의를 선택할 때는 강사의 경험을 먼저 살펴보세요. 교감과 상담 경험이 풍부한 사람일수록 좋겠지요. "가르쳐줬으니 알아서 하세요"라고 하는 선생님은 앞으로 마주칠 수많은 고민들 앞에서 당신을 좌절하게 만들기 쉽습니다. 남을 비방하고 본인 강의만 수강하도록 유도하는 선생님도 위험합니다. 그러나 더 중요한 것은 어디에서 누구에게 배우는지가 아니라 여러분 개개인의 노력과 역량이겠지요.

애니멀 커뮤니케이터가 되려면 꼭 동물 관련학과에 진학해야 하나요?

반려인과 반려 동물을 잇는 다리가 되려면 생각보다 많은 지식이 필요합니다. 동물 교감사로 활동하다 보면 '관련 학과를 졸업했다면 좋았을 텐데'라는 생각이 들 때가 있습니다. 하지만 수의사 선생님들과 대화를 해보면 오히려 수의학 지식이 교감에 방해가 될 때도 있다고 합니다.

개개인의 차이가 있겠지만 동물 관련 학과를 졸업하고 교감을 한다면 더없이 좋을 것입니다. 하지만 관련 학과를 졸업하지 않았어도 교감사로 활동하면서 계속 공부하고 스스로 역량을 키워나간다면 무리가 없을 것이라 생각합니다. 또한 어린 친구들은 동물과의 교감에만 매진하여 학업을 소홀히 할 것이 아니라, 나이에 맞는 교육 과정을 잘 밟음으로써 경험과 지식을 쌓기 위한 밑바탕을 다지는 것이 필요합니다.

정말 누구나 할 수 있나요?

계속해서 말하지만 직관의 대화, 마음의 대화는 우리가 태어날 때부터 이미 가지고 있는 능력이에요. 살아가면서 사용하지 않아 잊어버린 것뿐 누구나 연습하면 성공할 수 있답니다. 더 잘하고 덜 잘하는 차이는 있겠지만 아예 못하는 사람은 없어요. 교감을 배우는 데 걸리는 시간은 사람마다 달라요. 어떤 사람은 연습 몇 번만으로도 간단한 교감이 가능하지만, 어떤 사람은 수개월이 걸리기도 하지요. 그러나 포기하지 않고 꾸준히 연습한다면 시간이 좀 걸릴지라도 반드시 동물과 소통하는 기쁨을 누리게 됩니다.

물론 단순히 교감만 하는 정도가 아니라 상담을 할 정도가 되려면 꽤 많은 연습과 시간이 필요합니다. 동물과의 교감은 물론 사람과의 소통 경험도 풍부해야 하고요.

외국에 사는 동물은 외국말로?

"우리 고양이는 독일에서 태어나 독일에서만 자랐어요. 한국말을 못해도 교감이 가능한가요?"라는 식으로 물어보는 반려인들이 종종 있습니다. 참 귀여운 질문이 아닐 수 없죠. 반려인의 질문은 충분히 이해가 가지만, 동물 교감의 원리를 안다면 이런 고민은 하지 않아도 됩니다. 직관의 대화는 언어가 아닌 마음으로 이어지는 것이니까요.

다만 외국 여행길에 만난 동물에게 "안녕!" 하고 인사를 건네니 반응이 없다가 "하이!" 했을 때 귀를 쫑긋했다면, 이는 동물들이 마음의 대화보다는 소리로 나누는 대화에 익숙해져 있기 때문입니다. "하이!"라는 소리와 함께 예쁘다는 칭찬을 받았다거나 맛있는 간식을 얻어먹은 기억에 의한 본능적인 반응인 거죠.

어떻게 잠을 자고 있는 동물과 교감이 가능한가요?

동물들이 잠을 자거나 밥을 먹거나 어떤 행동을 하는 중에도 교감이 가능하다는 것은 신기하기만 합니다. 경험을 통해 알고는 있지만 어떻게 이것이 가능한지는 설명할 수가 없어 외국의 대표적인 애니멀 커뮤니케이터 마타 윌리암스(《당신도 동물과 대화할 수 있다》, 《동물은 답을 알고 있다》 저자), 페넬로페 스미스(《애니멀 힐링》, 《애니멀 텔레파시》 저자), 캐롤 거니(《애니멀 커뮤니케이션》 저자)에게 이메일을 통해 자문을 구해본

적이 있어요. 세 사람의 의견이 비슷했는데 그중 가장 공감이 된 것은 페넬로페 스미스의 대답이었습니다. 페넬로페 스미스는 "동물과의 대화는 영혼과 영혼의 대화이기 때문에 시간과 공간을 초월하며 어떤 상황에도 영향을 받지 않는다"고 했어요.

자료를 좀 더 찾아본 결과, 영혼 간의 교감이란 동물의 현재 의식이 아니라 잠재 의식 또는 내면 의식과의 소통을 의미한다는 것을 알게 되었어요. 그런데 우리는 깨어 있는 동안은 대개 잠재 의식이 아닌 현재 의식에 머물러 있기 때문에, 교감을 하기 위해서는 이런 잠재 의식을 효과적으로 사용하여 직관력을 높여야 합니다. 직관적 사고를 하는 동물들은 상대적으로 잠재 의식이 발달해 있습니다. 따라서 잠을 자거나 뛰어놀 때도 교감이 가능한 것이죠.

동물과의 교감이 시작되면 교감사의 뇌파는 알파파, 세타파의 상태가 됩니다. 이는 심신이 안정되고 이완되는 명상 상태, 최면에서 말하는 트랜스 상태와 흡사하다고도 볼 수 있는데, 교감사가 트랜스 상태가 되면 동물들도 따라서 트랜스 상태가 되는 것을 많이 보았어요. 대부분의 동물들은 신나게 돌아다니다가도 교감을 시작하면 이내 조용해지거나 턱을 괴고 앉아 귀만 쫑긋거리거나 깊은 잠에 빠집니다. 그것은 동물들이 에너지에 민감하게 영향을 받기 때문입니다. 그러나 이와는 반대로 교감을 시작하면 갑자기 산만하게 돌아다니거나 킁킁거리거나 짖는 아이들도 있는데, 이는 낯선 에너지를 감지했을 때 나타나는 반응입니다.

또한 메시지가 잠재 의식을 통해 현재 의식으로 바로 전달되어 빠른 반응을 보이는 아이가 있는가 하면, 간혹 자기 생각에 빠져 있거나 귀찮아서 반응을 보이지 않는 아이들도 있습니다. 그러니 동물이 교감사의 이야기에 바로 반응을 하든지 하지 않든지 크게 연연해하지 않아도 됩니다.

동물들이 먼저 말을 걸어오기도 하나요?

간혹 동물과 교감을 할 수 있다면 정말 행복할 것 같은데 길을 가다 불쌍한 동물의 소리가 들리거나 죽어가는 동물들이 살려달라고 메시지를 보내면 감당할 수 없을 것 같다며 걱정하는 분들이 있습니다. 이런 걱정은 접어두어도 좋을 것 같아요. 우리는 너무나 시끄러운 세상에서 살고 있습니다. 동물과의 교감은 고도의 집중력을 요하며, 교감하는 순간 지금 이곳에는 오로지 동물과 나뿐인 의식 상태로 진입해야 해요. 그러니 소음과 생각들로 가득한 상황에서는 원치 않는 교감이 이루어지는 일이 거의 없답니다.

우리의 뇌파가 명상을 하거나, 몰입해서 책을 읽거나, 아무 생각 없이 입을 벌리고 텔레비전을 보는 등 무의식이 활발하게 움직이는 세타파의 상태가 될 때, 의도치 않게 동물로부터 이야기를 전해 받거나 교감이 이루어질 수도 있지만 이 또한 흔한 일은 아니랍니다.

동물들은 우리가 생각하는 것처럼 말이 많지 않아요. 특히나 전혀 안면도 없는 사람이나 단 한 번 교감을 나눈 교감사에게 먼저 말을 걸어올 만큼 수다스러운 아이는 거의 본 적이 없어요. 그런 만큼 만약 동물이 먼저 말을 걸었다면 어떤 특별한 상황에 처했거나 도움이 간절히 필요한 경우일 것입니다.

다른 아이들의 이야기가 수시로 들려온다면 엉뚱한 상상력이 만들어낸 소리는 아닌지 또는 본인이 교감이 끝난 후에도 계속해서 동물과 주파수를 연결하고 있지는 않은지 돌아보고, 자기 정화를 위한 명상 수련을 열심히 하는 것이 좋겠습니다.

만나지 않아도 교감이 되나요?

애니멀 커뮤니케이션은 내가 교감을 원하는 대상과 에너지 파동을 맞추어 소통을 하는 것이기 때문에, 사진이 없이도 할 수 있고 직접 대면하지 않아도 가능합니다. 지금은 더욱 정확한 교감을 위해 사진을 사용하고 있지만, 동물의 사진을 구하기 어려웠던 시절에는 동물의 간단한 신상 정보만 가지고도 충분히 교감을 하였다고 합니다.

제가 처음으로 사진 없이 교감했던 일이 기억납니다. 동물 교감에 처음 성공하고 얼마 지나지 않았을 때의 일입니다. 지인으로부터 자기 아버지가 회사 앞마당에 묶어놓고 키우는 개가 많이 아프다는 이야기를 들었습니다. 아버지는 먹지 못하는 개를 데리고 병원에 가셨고 중병을 진단받았는데 치료비가 백만 원이 훌쩍 넘을 거라고 했답니다. 평소 동물은 그저 동물일 뿐이라고 생각해 온 아버지에게 치료비는 엄청난 부담이었고, 아버지는 결국 안락사를 알아보았다고 해요. 하지만 안락사 역시 비용이 든다는 걸 알고는 적당한(?) 다른 방법으로 떠나보내야겠다고 말씀하셨다는 것입니다.

이 이야기를 하는 지인의 눈에 눈물이 맺혀 있었습니다. 아버지가 하시는 일에 크게 막고 나설 수도 없고, 너무나 안타깝다고 했어요. 그 순간 저는 의도치 않게 한 번도 만난 적도 들은 적도 없는 그 개와 접속이 되었습니다. 그 아이는 몸 전체가 검은 래브라도 리트리버 종이었고, 온몸으로 고통을 느끼고 있었습니다. 지인에게 그 아이가 검은색 래브라도 리트리버가 맞는지 물어보자 지인은 깜짝 놀라며 맞다고 확인해 주었습니다. 나는 그 아이와의 짧은 만남이 너무나 가슴 아팠지만 그저 편히 쉬라는 인사를 전하는 것밖에는 아무것도 할 수가 없었습니다.

우리는 끊임없이 주변 상황과 상대방의 에너지를 감지하고 대응하며 살고 있습니다. 다만 눈치 채지 못할 뿐이지요. 직감이란 에너지를 감지하는 능력이라고도 말할 수 있어요. 우리는 언변이 뛰어난 사기꾼의 말을 들으면 무언가 설명할 순 없지만 기분이 불쾌하거나 불신감을 느끼기도 하고, 겉으로 밝게 웃으면서 말하는 사람한테서도 그의 내면에 어떤 슬픔이 있음을 느끼기도 합니다. 우리가 이런 직관 혹은 직감의 능력을 갖고 있음에도 알아차리지 못하거나 부인하는 것은, 우리가 언어와 문자를 사용하고 이성적인 사고를 중요시하면서 이런 능력을 무시한 채 살아왔기 때문입니다.

동물과의 대화도 마찬가지입니다. 과학적으로나 이론적으로 알지 못하더라도 마음으로 받아들이고 충분히 소통할 수 있답니다. 복잡하게 생각하지 마세요. 세상에는 설명할 수 없는 수많은 일들이 존재하니까요. 아무 의심 없이 그저 마음 편히 직관의 소리에 귀 기울이면 됩니다. 눈에 보이지 않는 비물질적인 작용에 대해서는 어느 시대나 찬반의 논란이 많으니 이를 받아들이는 것은 각자의 몫으로 남겨야 할 것 같아요. 다만 우리는 모두 상대방의 기분을 감지하고 에너지를 통해 상황을 파악하는 능력을 가지고 태어났다는 것을 알려드리고 싶습니다. 사용하지 않아 잠시 잊어버렸을 뿐이지요. 다시 꺼내서 먼지를 떨어내고 사용해 보세요.

반려 동물과의 대화,
생각만 해도 가슴 뛰지 않나요?

드디어 오랜 시간 풀어낸 이야기의 마침표를 찍을 시간이네요!

애니멀 커뮤니케이션에 대한 글을 써야겠다고 생각한 것은 꽤 오래전 일입니다. 하지만 원고를 써나가면서 고충이 많았어요. 기존의 책들과 다른 흥미로운 이야기를 채워야 한다는 부담감도 컸고, 애니멀 커뮤니케이션과 애니멀 커뮤니케이터 중 어디에 초점을 맞춰야 하는지도 고민이 되었지요. 결국 우리나라 정서에 맞는 기본적인 이야기를 다루는 것이 우선이라고 판단했어요.

현재 우리나라에는 여러 종의 애니멀 커뮤니케이션 관련 도서들이 나와 있습니다. 그중 국내 교감사가 집필한 책은 두어 종뿐이고 나머지는 모두 번역서이다 보니 우리 정서와는 맞지 않는 내용이 더러 있습니다. 외국의 경우 다양한 반려 동물을 키우다 보니 개나 고양이를 주로 반려하는 우리에게는 조금 감흥이 덜한 사례들도 많고요. 이 책에서는 우리 반려 동물의 여건에 맞는 교감 후기와 사례를 통해 반려인들의 공감과 이해를 높이는 데 중점을 두었습니다.

우리나라에도 파충류, 조류, 달팽이, 햄스터, 토끼, 기니피그, 다람쥐, 거북, 너구리, 돼지, 닭, 말, 사막여우 등 꽤 다양한 종의 반려 동물이 있지만 아직까지 이들에 대한 교감 신청이 많지는 않아요. 현실적으로 개나 고양이를 반려하는 가정이 많다 보니 이 책에서는 이들에게만 초점을 맞추었습니다. 이 책에서 다루진 않았지만 살아 숨 쉬는 동물이라면 모두 교감이 가능하다는 점을 기억해 주었으면 좋겠어요.

이 책은 독창적이거나 새로운 이야기를 다루고 있지는 않습니다. 영어를 배우려면 가장 기본인 알파벳부터 익혀야 하듯 애니멀 커뮤니케이션도 기본적인 것부터 이야기를 시작하지 않을 수 없었습니다. 하지만 누구라도 이해하고 따라할 수 있도록 쉽게 안내하고자 최선을 다했답니다. 읽다가 어렵다거나 이해가 잘 안 되는 부분이 있다면 우선은 '그렇구나' 정도로 받아들이세요. 그러고 나서 다음 장으로 넘어가 연습하다 보면 감을 찾게 되고, 시간이 흘러 다시 읽어보면 어려웠던 부분이 이해가 될 거예요.

반려인은 내 동물 가족의 가장 좋은 대화 상대입니다. 반려인과 반려 동물이 진심으로 소통할 수 있다면 반려 동물은 더욱 풍족하고 행복한 삶을 살 수 있을 거예요. 애니멀 커뮤니케이션은 가족과의 소통을 돕는 좋은 도구이자 해답입니다. 이 책이 교감 공부를 시도하다 포기한 분들에게는 사그라든 열정의 불씨를 다시 지피는 풀무가 되기를, 도전해 보고 싶은데 망설이고 있는 분들에게는 누구나 동물과 교감할 수 있다는 희망의 도구가 되기를 바랍니다.

내 동물의 마음을 알 수 있는 방법이 있다니! 생각만 해도 가슴이 두근거리지 않나요?

샨티 회원제도 안내

샨티는 사람과 사람, 사람과 자연, 사람과 신과의 관계 회복에 보탬이 되는 책을 내고자 합니다. 만드는 사람과 읽는 사람이 직접 만나고 소통하고 나누기 위해 회원제도를 두었습니다. 책의 내용이 글자에서 머무는 것이 아니라 우리의 삶으로 젖어들 수 있도록 함께 고민하고 실험하고자 합니다. 여러분들이 나누어주시는 선한 에너지를 바탕으로 몸과 마음과 영혼에 밥이 되는 책을 만들고, 즐거움과 행복, 치유와 성장을 돕는 자리를 만들어 더 많은 사람들과 고루 나누겠습니다.

샨티의 회원이 되시면

샨티 회원에는 잎새·줄기·뿌리(개인/기업)회원이 있습니다. 잎새회원은 회비 10만 원으로 샨티의 책 10권을, 줄기회원은 회비 30만 원으로 33권을, 뿌리회원은 개인 100만 원, 기업/단체는 200만 원으로 100권을 받으실 수 있습니다. 그외에도,

- 신간 안내 및 각종 행사와 유익한 정보를 담은 〈샨티 소식〉을 보내드립니다.
- 샨티가 주최하거나 후원·협찬하는 행사에 초대하고 할인 혜택도 드립니다.
- 뿌리회원의 경우, 샨티의 모든 책에 개인 이름 또는 회사 로고가 들어갑니다.
- 모든 회원은 샨티의 친구 회사에서 프로그램 및 물건을 이용 또는 구입하실 때 할인 혜택을 받을 수 있습니다.
- 샨티의 책들 및 회원제도, 친구 회사에 대한 자세한 사항은 샨티 블로그 http://blog.naver.com/shantibooks를 참조하십시오.

샨티의 뿌리회원이 되어
'몸과 마음과 영혼의 평화를 위한 책'을 만들고 나누는 데
함께해 주신 분들께 깊이 감사드립니다.

뿌리회원(개인)

이슬, 이원태, 최은숙, 노을이, 김인식, 은비, 여랑, 윤석희, 하성주, 김명중, 산나무, 일부, 박은미, 정진용, 최미희, 최종규, 박태웅, 송숙희, 황안나, 최경실, 유재원, 홍윤경, 서화범, 이주영, 오수익, 문경보, 최종진, 여희숙, 조성환, 김영란, 풀꽃, 백수영, 황지숙, 박재신, 염진섭, 이현주, 이재길, 이춘복, 장완, 한명숙, 이세훈, 이종기, 현재연, 문소영, 유귀자, 윤홍용, 김종휘, 이성모, 보리, 문수경, 전장호, 이진, 최애영, 김진희, 백예인, 이강선, 박진규, 이욱현, 최훈동, 이상운, 이산옥, 김진선, 심재한, 안필현, 육성철, 신용우, 곽지희, 전수영, 기숙희, 김명철, 장미경, 정정희, 변승식, 주중식, 이삼기, 홍성관, 이동현, 김혜영, 김진이, 추경희, 해다운, 서곤, 강서진, 이조완, 조영희, 이다겸, 이미경, 김우, 조금자, 김승한, 주승동, 김옥남, 다사, 이영희

뿌리회원(단체/기업)

회원이 아니더라도 이메일(shantibooks@naver.com)로 이름과 전화번호, 주소를 보내주시면 독자회원으로 등록되어 신간과 각종 행사 안내를 이메일로 받아보실 수 있습니다.

전화 : 02-3143-6360 팩스 : 02-6455-6367
이메일 : shantibooks@naver.com